THE AIM OF LIFE:
PLAIN TALKS TO YOUNG MEN AND WOMEN

奋勇向前

【美】菲利普·斯塔夫·莫克森 著

Philip Stafford Moxom

程悦 王少凯 / 译

山东人民出版社

全国百佳图书出版单位 一级出版社

图书在版编目（CIP）数据

　　奋勇向前／（美）莫克森著；程悦，王少凯译．—济南：山东人民出版社，2012.12（2023.4重印）
　　ISBN 978-7-209-06945-8

　　Ⅰ.①奋… Ⅱ.①莫… ②程… ③王… Ⅲ.①人生哲学–青年读物 Ⅳ.①B821-49

　　中国版本图书馆CIP数据核字（2012）第298731号

责任编辑：杨云云
封面设计：Lily studio

奋勇向前

（美）菲利普·斯塔夫·莫克森 著　程　悦　王少凯 译

主管部门　山东出版传媒股份有限公司
出版发行　山东人民出版社
社　　址　济南市舜耕路517号
邮　　编　250003
电　　话　总编室（0531）82098914
　　　　　市场部（0531）82098027
网　　址　http://www.sd-book.com.cn
印　　装　三河市华东印刷有限公司
经　　销　新华书店

规　　格　32开（145mm×210mm）
印　　张　7
字　　数　102千字
版　　次　2013年1月第1版
印　　次　2023年4月第2次
ISBN 978-7-209-06945-8
定　　价　45.00元
　　　　　如有印装质量问题，请与出版社总编室联系调换。

前　言

　　这本薄书是由我历年来的演讲文稿编辑而成的。演讲的听众主要是克利夫兰和波士顿的年轻人。在整理文稿时，我尽量保留演讲的风格，让每句话都像刚刚从我口里说出来时一样鲜活而温暖。书里的语言力求简洁直率，仿佛我正在与读者进行面对面的谈话，因此，读者将会发现本书的语言非常生动晓畅。

　　每次重读这些文稿，我总是感慨万千。一些难以忘怀的回忆就会涌上心头，眼前立刻浮现出一张张年轻人的面庞，他们是我的第一批读者，也是我的忠实听众。对于这些年轻人，我心里充满了爱与关心，也正是这份爱与关心，使我能够在编辑文稿的工作中获得慰藉与灵感。

目　录
Contents

第一章

生命的追求

只有志向高远，才能不枉此生。

——布里格姆·扬①

上帝是万物的开端、手段与目的。

——贝利②

不要贪恋生命，也不要憎恶生命；好好珍视你的有生之年，不求寿命的长短，只求最终将升入天堂。

——密尔顿③

要敬畏上帝，遵守戒律。人的职责尽在于此。

——《传道书》

生命，即使命。生命的要义唯此而已，其他诠释皆为谬误，只能引人步入迷途。宗教也好，哲学也罢，即便是科学，虽然在很多方面依然观点不一，但在这个问题上却态度完全一致，即每个存在着的事物都包含着一个目的。

——马志尼④

不要贪图享乐，应该热爱上帝。这是永恒的真理，可以平息一切纷争，任何尊奉此真理为工作及行事之准则的人将得到庇佑，从而诸事顺利。

——卡莱尔⑤

---

① 布里格姆·扬（1801～1877），美国宗教领袖。

② 贝利（？～1742），英国词典的编撰者。

③ 密尔顿（1608～1674），英国诗人。

④ 马志尼（1805～1872），意大利革命党领袖。

⑤ 卡莱尔（1795～1881），英国散文家。

人区别于动物的一个重要特征就是，人可以为了一个目的而活着。也就是说，人可以尽其全部生命只为达到一个目标，这个目标可以消除生命中固有的混乱与散漫，使之变得清晰明确并充满力量。动物因不具有理智所以不可能为自己的生命设定任何目标。一个僵化麻木的人，或者说一个不具有理性和自由人格、不担负任何责任与使命的人，也同样不可能为自己设定任何目标。一个人倘若漫无目的地活着，那么他就是彻底放弃了最根本的尊严。对于青年人来说，意义最为重大、最值得深思熟虑的事情莫过于生活目标的确立了。这件事情之所以重要，不仅是因为它关涉到一个人能否有所成就，更是因为，它还关涉到一个人个性品质的塑造与成长。

　　我希望大家能够对这个问题认真地重新思考一番。生活具有纷繁多样的可能性，而良好的开端意味着成功的一半。你活着的目的是什么？这个问题我们暂且搁置一旁，稍后我们再来一起探讨。现在，我们首先思考一个总体性的问题。

生命的追求，既包括生命最终将达到的目标，也包括能够驱策我们实现这一目标的动力。我现在所说的"目标"与"目的"，就是指生活的最高目标与首要目的。一个人也可以有很多从属于最高目标的小目标，但是，他的最高目标却只能有一个，并且这个最高目标将决定其他的小目标应该具有什么样的特质。所谓生命的追求就是那个能够激发出我们最深刻的思考、最热切的渴望与最执著的努力的最高目标，也是那个能够鞭策我们有意识地甚或无意识地驾驭自己的行为，摒除内心一切干扰因素，从而坚持着奋斗不息的首要目的。有了追求，生活便有了方向，行为就有了准则。

请允许我提醒大家一句，真正的生活目标并不总是显而易见的。在谈及自己的生活目的时，人们的表现往往有点自欺欺人。但是，从长远的观点来看，人的行为一定与其最终的目的相一致，因为正是目的引导出行为，并赋予行为以意义，所以你最终的生活目标决定了你日常的行为模式。例如，你的生命所追求的目标无不外乎下面这两个：一个是善，另一个是恶。这就好像用手扔出一块石头，它可能向上运动，也可能向下运动，但它从不会保持水平运动。引力拉着它向地面落下。在从手里抛出去的那一刻，引力就开始克服向上的推动力，并且终将彻底战胜这个向上的力量。这块石头的运动轨迹是一个弧线，这个弧线的终端停落在地面上。在道德生活的范畴里只存在两个趋势或方向：向上或者向下——趋向恶的引力以及趋向善的推动力。你会发现，在由上帝创造的世界里，除却这两个方向，任何具有道德意义的事物再无其他轨迹可循。在生命的总体趋势内部或许存在着一些令人困惑的波动摇摆——从某个角度来看，这似乎是一条曲折多变的道路，但是总体来看，生命的运动有一个明确的趋向，也就是非善即恶。这个明确的趋向指示出你的真正目标。这个目标，你可以暂时遮蔽，但是却不能长久隐藏。它并非外在于你，强迫你这样或者那样，它其实就是你内在的自己——你在纷繁的日常生活中所做的选择和决定之中。

我似乎在强调一些老生常谈，很多人已经忘记了或者忽略了这些道理。然而，这些道理却是无价的真谛，决定着人们的灵魂能否得到救赎。人不会是静止的，人总是在不断地朝着某个方向前进，也总是在逐渐定型为某一类人。你所选择的方向以及你终将形成的个性都是确定不可更改的，而生活中最终的成败，也是无可挽回的事情。

一生中最重要的时刻，就是当你有意识地主动思考这样一个问题的时候："我要去向哪里？我要成为什么样的人，我将拥有怎样的思想、情感和品格？"

从那一刻起，决定就已做出，目的就已明确，你人生道路的轮廓从此变得清晰起来。有很多年轻人在面对即将承担的种种人生重担时，心中会涌起很多很多急切的疑问，但是极少有人给自己提出那个至关重要的问题。他们会问："我怎样才能给自己谋求个更好的生活？我该学点什么手艺？我该从事什么行业？我怎样才能获得快乐？我怎样才能挣到大钱？"但是在这些问题的深处隐藏着这样一个问题：我为什么活着？我应该把什么当作我生命的最高目标和最终结果？不解答好这个问题，其余的问题都毫无意义。

我想向大家阐述的思想总体来讲可以归纳为三点：

第一，每个人都应该为自己确立一个生活目标。每个人的生活都有一个大致的趋向，无论他自己是否意识到了这一点。但是每个人都应该确立一个恒定不变的目的来主导自己的生活。谁也没有权利漫无目的地活着，因为谁也没有权利抛开理性，放纵自己，使自己成为一个四处游荡的乞儿，宛若一缕游丝，随风漂泊，不能自主。上帝赋予我们力量，使我们能够追求善，并能够有所成就。我们还被赋予了理性、良知和意志，以便成为高贵仁慈的人，做高贵仁慈的事。

倘若人们仅仅是活着，从不为自己确立超越于吃饭、睡觉、生育等基本本能之上的志向，那么他们比起那些头脑混沌，精神盲目的绵羊或山羊又强得了多少呢？

在希腊神话传说中，法厄同①，赫里阿斯在凡间的儿子，渴望能够驾驶燃着熊熊烈焰的马车运载太阳。这项工作超越了凡人的能力，他的莽撞引起了灾难，宙斯掷出雷电将其劈死，

---

① 法厄同，太阳神赫里阿斯的儿子，曾经驾着太阳神的四马金车出游，因不善驾驭，车子离地球太近，几乎把地球烧毁，被主神宙斯用雷电击死。

他为自己的行为付出了惨重的代价。但是纳伊阿达斯^①却在埋葬他时写下了这样的墓志铭：

> 他没能驾驭好父亲的烈焰马车，
> 但是他的雄心壮志却足以证明他的高贵出色。

浑浑噩噩的人不配活在这个世上。那些漫不经心、任由时间将其从少年变为老人的人并没有真正地活过。哪怕志向并非崇高远大，也总要好过压根就没有任何清醒目标而度过的一生。

更何况，漫无目的地生活不仅不高尚，而且还毫无效益。漫无目标，意味着白白浪费精力却毫无成就。这就好比，即便是随意射击，炮弹也终归要落到什么地方，只是不知道落在了哪里。所以，我们每个人都在朝着某个方向前进，倘若我们不用选择理性和奋斗来对这个过程加以限制引导的话，那么我们从中所能看到的，恐怕就只有失败与徒劳了。我们的灵魂不应该像由外力操纵的炮弹那样飞向自己的宿命，也不该像乱飞的球那样搞不清自己将落在何处。我们的灵魂应该像一名射击手，瞄准自己的目标，甚至应该像射击手与子弹的合一一样，带着明确的目的，在内在力量的推动下，朝着确定的目标飞奔而去。很多人没能实现自己的抱负，还有一些人创造了高于自己预期目标的成就，或者最后的成就与原来心目中设定的目标

---

① 纳伊阿达斯，水泉女神。

迥然不同。但是，只要怀抱着一个志向，人们就不会碌碌无为。完全彻底的失败，就像地狱一样可怕而凄凉，它专门等待着那些从未生活过，仅仅是漫不经心地存在过的灵魂。

因此，当我们思考该怎样度过自己的一生时，首要的事情是我们应该懂得，谁也不能停在原处而不朝着某个方向行进。那个方向或者是善，或者是恶，而我们的职责就是有意识地让自己的人生轨迹沿着一个清晰明确的方向前进。

第二条，人生的最高目标应该与人的综合能力以及自然秉性协调一致。我们追求的最高目标应该能够最大限度地发展我们各个方面的能力，包括智力方面和精神方面。这个最高追求应该博大深厚，能够满足所有正当的世俗欲求；这个最高目标还应该至善至美，能够使我们在平凡的日常生活中所做的无数次的选择、计划和努力变得和谐、统一起来。

道德准则中有一条原则就是，每个人都应该在这个世上选定一件事情作为生活的目标，并力争把这件事做得尽善尽美。此外，为了使自己的能力得到最大限度地发挥，每个人应该按照自己所接受的训练和与生俱来的秉性，选择做他最适合做的事情。人的天资不同，所做的工作自然也就不同。有的人天生就有商业头脑，有的人则天生具有发明创造的才能，有的人具有教书的天分，有的人更适合当个机械师，还有的人则天生就雄辩滔滔。没有人能够胜任所有的工作，或者能够把很多项工作做得样样出色。若要最大限度地发挥自己的能力，我们的努力方向必须有所侧重。要想有所成就，我们就必须为自己的一生设立一个明确的工作目标，因为一切漫无目的的努力都将是毫无成果的徒劳，除非这个人是个疯子或傻子。历史和经验无数次地证明了这个道理。一个商人的失败往往得归咎于他有没有确立一个重点经营的项目。一个制造商，倘若又玩股票，又以开发石油和小麦为副业，那么，一般来说，他很快就会发现自己的信誉大打折扣，银行里的资金也周转不灵了。绝大多数有望获得成功的人一定会赞成这个做法，即选准一件事情，投入所有精力，竭尽全力把它做好。

如果你适合当机械师，那么就当机械师好了，让周围的人觉得你是一名不可替代的机械师；如果你适合做鞋，那么就做鞋吧，让全世界的人都乐于穿上你做出来的鞋子；如果你适合当个农场主，那么就当农夫好了，只要你勤劳能干，大地就会把你当作主人，回报给你最丰厚的收获。你可以当个手艺人，也可以当个工程师，还有商人、律师、医生、教师、画家，还可以当一名工人，也就是价值的创造者，是真正服务于同胞的人。但是，无论你做什么，都要投入全部身心。唯有如此，你才能有望在这个世间获得真正有价值的成功。

但是，别忘了，生命的主要任务不是要去做什么，而是要成为什么。行动会对个性产生细致而深远的影响。所有这些目标在实效上都是相互关联的，但是这些却不是我们的终极目标。谁也不应该仅仅成为世界大工厂里的一个工具、一个轮子，或者一个轴承。仅仅实现物质方面的目标并不能让我们获得永久的满足与安宁。一个人倘若把全部精力都放在世俗欲求上，倘若他想要得到的仅仅是生意场上的胜利和酒吧里众人注意力的焦点，或者文学界的名望，那么他最终会发现自己并不能施展出全部的潜能与天赋。他或许会在实现了全部梦寐以求的目标之后，比如财富、权力、欢愉、声望等等，却依然是个可怜虫。如果人仅仅为满足私利而奋斗，并为之付出所有思虑与欲望，那么他定会遭受不可弥补的创伤。家财万贯却精神贫瘠，学富五车心灵却饥渴痛苦。世上还有什么人比他们更悲惨呢？坦荡的气概比金钱更有价值，品格比手艺或技巧更可贵。心灵的完满比百科全书式的学识更加高尚，良好的教养、宽厚的心地以及一颗仁爱的心，要比所有的艺术杰作更加美好。诚实、智慧以及侠义的品格要比权势与声望更加令人肃然起敬。成为一个能工巧匠、一位成功的推销商、一位了不起的金融家、一位雄辩的演说家、一位伟大的作家，或者一位硕果累累的教师，这些都不比成为一个真实健全的男人或者真实健全的女人更加具有深远的意义。有一些目标则涵盖了所有俗世的欲求，并赋予这些欲求以意义，超越了尘世与时间，在灵魂的永生中得到最彻底的实现。只有在追求这样的目标时，我们的生命才能逐渐变得完整而圆满。

第三，有一个目标，它可以满足任何完美目标所需的一切条件，这个目标就蕴含在那句箴言里："要敬畏上帝，遵守上帝的戒律。人的职责尽在于此。"咱们好好理解一下这句话。因为宗教与道德的格言往往是越仔细体会就越令人感到是无上的真理。所谓"敬畏上帝"，就是说要带着敬畏与热爱来信仰上帝。这份敬畏是信念的核心，而热爱则是信念的源泉。所谓"敬畏上帝，遵守上帝的戒律"，则是在概括地告诉我们应该在实践中做一个正直诚实的人。正如那位智者所言，"因为人的职责尽在于此"。这里所表述的，是一个伟大高远的目标与目的，可以用以诠释人类的全部渴望与热情。你尽可以苦思冥想，但是你却无论如何也不能想出另外一个目标，比这一个更加高远博大。

首先，这是人类理解能力范围内的最高境界，因为上帝代表着最高的完美。对于具有道德意义的存在体来讲，上帝就是最高的理想。人的精神是有限的，上帝的精神是无限的，能够达到上帝精神之高度，分享上帝无限的美、力量与欢乐，则是人的最高追求。如果不这样志存高远、孜孜以求，就意味着你放弃了天性中最高贵、最神圣的资质，让自己向下沉沦，不断偏离上帝的方向。

其次，这是人类所能理解到的最博大的目标，因为这个目标包含了所有的善。它符合我们的天性，它使我们的身体、思想与精神进入一个完美的秩序中，让我们的各种能力协调配合。上帝不仅要求人正直、纯洁、慷慨，上帝还要求人应该聪明、能干、强壮并勇敢。这样，就给我们的雄心壮志留下最宽广的余地。如果我们因为自身尚不完美而始终雄心勃勃，并把这种内心的动力视作对上帝召唤的回应，把自己的任何成就都视作对主的献礼，那么我们会把所有应该做并值得做的事情做得更加出色。在这个问题上，我的观点是：上帝的精神存在于一切事物与所有时间之内。从星期一到星期六，再到星期日，一切伟大的发明与劳动的果实，推演换算的过程和机械构造的原理，这些事物无不体现出上帝的精神。上帝帮助我们发展自己的头脑、双手，同时也提升我们的灵魂。一个人倘若在规定的工作时间之外还能再做点事情，比如帮妻子做一个烤炉，这样她就不用到面包房去买面包了；或者好好修整一下他的园子，尽量让地里多结点土豆出来，那么他就是在更好地实践善，这与他跟在牧师的后面祈祷、赞颂的效果是一样的，都同样地接近上帝。"这些质朴的话语闪现着最具有实践意义的宗教精神。为上帝服务，就融汇在日常生活之中，这恰恰最能够体现出日常生活中一个人的虔诚。你是否渴望能够完美地胜任一项工作？那么就当作自己是在为上帝而工作吧。你的工作动机会因此而变得纯洁高尚，你会激发出天性中最优秀的力量，从而带着百倍的热情投身到工作中去。你的热情将化作灵感，你将愉快而充满激情地在工作中不断取得进展。

商业、机械、政治、文学、艺术，在一个为上帝而工作的人看来，无不是为上帝而创造的献礼。米开朗基罗在栩栩如生的大理石雕像中注入的是自己的信仰，在辉煌的壁画里闪现的是他对上帝的虔敬，他的艺术怎么能不达到一个崇高的境界？休·米勒[①]认为那些岩石隐隐地揭示着上帝写在大地上

---

① 休·米勒（1802～1856），英国地质学家。

的思想，他怎能不如饥似渴地钻研？当克里① 坐在凳子上缝补并敲打鞋子的时候，上帝的慈爱在他心里化作优美的曲调，脑海里浮现出如何完成工作的神圣规划，难道这样制作出来的鞋子反而会更差吗？青年朋友们，真诚地为上帝服务，这个想法令人胸襟开阔、才思泉涌。怀着纯洁的动机和高涨的热情去工作，你的生命就可以上升到一个更高的境界。只要是为了上帝，没有哪项诚实的工作会是卑贱的。在执行上帝的意志时，任何人的双手与心灵都会前所未有地振奋起来，并感受到无比愉悦的自由。如果你的一切工作都真真正正地是为上帝而做的话，你就摆脱了那个由物欲与名利做成的沉重的枷锁，而这世上有那么多人在这样的枷锁下沉重地工作着。有多少工作仅仅是人们在苦熬漫长岁月的过程中所不得不承担的苦差事？又有多少工作戕害着我们内心中最美好的天性？我们的工作简直令我们沮丧，甚至让我们堕落！

人的本性会受到工作环境的浸染，就像洗染工人的手一样。

即便辉煌的成就也会潜伏着危险。但是，倘若你是在为上帝而工作，那么你赢得的财富就是安全的。因为那样的话，财富会借助你的劳作而时时净化着人性。带着爱去工作，就不会感到枯燥。倘若心里怀着对上帝的热爱，那么最平凡的工作

① 当克里（1761～1834），幼年时曾是一名贫穷的鞋匠。英国宣教运动组织者，把福音书带入印度，并翻译成梵文。

也会蒙上一层神圣的光晕。

为上帝而工作是最高远博大的雄心壮志，让我们有更广阔的进步空间，既可以强健我们的体魄，又可以锻炼我们的头脑，同时还可以陶冶我们的情操。圣保罗曾说过："上帝之道有利于万物，包含着为正在存在的和即将存在的一切许下的承诺。"在这句话之前，圣保罗还说过，"肉体的苦修是毫无益处的"，丝毫不能有助于我们增进体魄，只会让我们的身心遭受禁欲地折磨而日益衰竭。无论是上帝，还是有过良好教养的人都不愿意看到人们这样做。

学习知识，掌握技能，陶冶心灵，获得本领，这是永无止境的成长过程。如果你努力去做了，你将会更有成效地为上帝服务。为了上帝，请竭尽全力做到最好。把你赢得的一切奉献给上帝吧，因为上帝有资格享受如此的荣耀。

上帝把我们放在世间让我们成长，
我们的每一个进步都会令上帝喜悦。

因此，这个目标对所有人敞开，对所有人来讲都是可以达到的。以世人标准来衡量，你可能够不上伟大，但是倘若以上帝的善为尺度，你就是优秀的，最终也是伟大的。因为倘若没有善，伟大也就无从谈起了。你可能并不拥有良田美宅，但是你却可能拥有渊博的学识和高尚的美德。这样的财富不会被大火烧毁，不会被窃贼偷走。你可能不善于发明创造，没有艺术才华，但是你却可以掌握生活的艺术，在各种考验面前表现得沉着而勇敢。你可能没有足够的天才和魅力，不能吸引着众人为实现你的愿望而前仆后继，但是你却可以为一颗痛苦的心送去慰藉，抚平由痛苦和罪恶造成的创伤，而这却是最优秀的能力。你可以在纯洁并对他人有益的生活中感受到乐趣。当你在生活的沉浮中看到天父向你伸出手来指引你，当你在每朵花里看到上帝之美，当你在每颗星中看到上帝在守望着你，当雨过天晴，一轮彩虹挂在天空，你从绚丽的彩虹中看到上帝再次向你昭示他那坚定而仁慈的诺言，此时，你该是多么幸福。

做生意，你会因为遭遇不幸而一败涂地，但是热爱上帝，你不会失去生活中真正的荣耀。你可能由于被误解而遭到嫉妒和仇恨，从而受到伤害，但是你不可能被剥夺内心里坚不可摧的宁静。如果你只把世俗的成功当作最高目标，那么一旦失败，你会彻底陷入悲惨的境地。但是，如果你只是想实践上帝的意志，那么世俗利益上的损失不会令你陷入贫穷，死亡将引领你进入上帝亲手建造的居所，那个居所不会是任何灾祸也毁灭不了的。

生命中有了这样的追求，灵魂会因此升华，而不是沉沦。这个目标如此博大，可以使你的各种天赋都得到充分的发展。这个目标，只要乐于追求，人人都可以达到。你如何看待这个目标呢？或许你即将开始你的人生，或者刚刚开始你的人生；或许你的头脑里装满了各种计划；或许你的心里全都是愿望、希望，还有恐惧。

　　你们当中有些人信心满满地期待着获得那渴望已久的荣耀，而有些人则焦虑沮丧，心里充满了不详的预感。为面包而奋斗，这种想法会让日子变得晦暗，让未来变得惨淡无光。有些人或许很少考虑，也从不在乎明天会怎么样，只顾今天享乐。生命是上帝给予你的珍贵礼物，你该怎样利用你的生命呢？现在，你们的理想正在形成之中，你们正在逐步明确对于生命的看法，而这些看法将决定着你未来的行动。思想高贵、愿望纯洁，对于年轻的心来说是自然而然的。多数年轻人天生就有成长为高尚正直的人的禀赋。一个心地肮脏、自私自利的年轻人，一个不具有慷慨的激情和纯洁的渴望的年轻人会令我们觉得不可思议，因为这太不正常也太可怕了。西奥多·蒙格① 说："一个青年人倘若没有高贵的情感，那就是最大的不幸。哪怕刚一出生就是个瞎子，也比眼睁睁地看不到生命的荣耀好得多。"那些被骄奢淫逸的生活蒙蔽了双眼的人，那些被贪欲捕获从而疲惫不堪、不得自由的人，还有那些因为内心缺乏仁爱并不懂得信任而悲观厌世的人，可能会厌倦生命，认为生命不值得体验。但是对于你们而言，生命是上帝送给你们的崭新的礼物。你们的思想要比他们美好得多。高尚的父亲送给你们忠告，慈祥的母亲为你们祈祷，你们的思想就是从中汲取的精华。对于你们来说，生活或许还有些朦胧，但是充满了希望和甜蜜。你将如何度过自己的一生呢？刚刚踏上这个旅程，你打

---

　　① 　西奥多·蒙格（1830～1910），美国的一名著名的神父，著有多部专著，曾积极参与一些政治改革工作。

算去往哪里，把什么设定为你追求的目标呢？忘掉我的话吧，倾听上帝的声音。上帝在你的内心里与你的良心交谈，他的话语虽然不那么清晰，却充满了智慧。那个声音正在要求你去追求一个目标，正在邀请为上帝而工作，你一旦接受了这个邀请，你的生命将因之变得纯洁美丽而神圣起来。

你们承受的生命就是一项神圣的使命，要用庄严的态度来看待它、接受它、承担它。站起身，背负着生命，坚定地走下去，不要被悲伤击垮，不要被罪恶绊倒。向前、向上，直到抵达你们的目标。

【第二章】

品
格

意志受到恰当的磨炼与引导，就会发展成为品格。

——诺瓦利斯①

品格造就命运。

——坎贝尔·普雷德夫人②

品格就是一颗金刚石，能够在其他普通上进行切割、刻画。

—巴托罗米奥③

君子求诸人，小人求诸己。

——孔子

品格是一个人的本性所呈现出来的道德修养。

——爱默森④

发生在我们身上的每一件事情，都会在我们身上留下印记；每件事情都在不知不觉中塑造着我们。

——歌德

邪恶向正义鞠躬，卑鄙在高尚的门前乞讨。

——所罗门箴言

---

① 诺瓦利斯（1772～1801），德国诗人。

② 坎贝尔·普雷德夫人（1851～1935），英国伯爵夫人，作家。

③ 巴托罗米奥（1475～1517），意大利宗教画家。

④ 爱默森（1803～1882），美国散文作家、哲学家、诗人。

品格与名誉完全不同，虽然二者常常被搞混淆。名誉是一个人在别人心目中的样子，而品格却是一个人究竟怎么样。一个是观点，一个是事实。某些情境以及某种关联，或者某种智巧的安排，都会在一定时期内给人带来虚假的名誉，但他的品格就是他自己。人可以对自己的名誉漠不关心，但是他不会对自己的品格毫不在乎。名誉可以影响他在现实生活中的处境，而品格却决定着他的命运。

　　"品格"（character）这个词，源于希腊语，我们有很多优秀的词汇都源于希腊语。这个词不是被翻译过来的，而是直接移植到了英语中。*χαράσσω*（希腊单词），弱化了原本生硬的喉音，去掉最后一个元音，就成为英语单词 harass（困扰），意思是：（1）"使变锋利或尖锐""刺激"，或者比喻用法就是"激怒，使烦恼"；（2）"犁地"，或者"抓挠"；（3）"雕刻"，或者指硬币的时候意为"盖上印记"。*χαρακτήρ*，是与英语单词 character（品格）唯一对应的希腊单词，意思是被刻上印记或做了记号的东西，就像硬币、封条，或其他类似东西上的图章。于是，这个词就逐渐演变成现在这个意思，就是某样能够显示一件物品或一个人品质的东西。一小片圆形的扁平的金子放置在铸币厂的冲压机里，一个名字叫"冲模"的部件（英文单词是 die）冲压这片金子，给它压上印记。比如，一只鹰再加上一圈文字。这个印记就告诉人们这片金子的品质，告诉人们这片金子是什么，以及它价值几何。

另一个单词"类型"（type）同样源于希腊语。它从希腊语τύπτω演化而来。这个词的意思是"击打"，而另一个希腊词 τύπος，也就是我们现在的类型（type），意思是"印记"或者"标记"，也就是"击打"的结果。了解这些词源学知识有助于更加清楚地理解品格的含义。所谓品格，就是你的道德品质。因为人首先是一种道德存在体，所以品格的含义就严格限定在道德意蕴之内。

这下你明白了品格与人自身不可分割的关系了。如果你有着良好的品格，那么你就一定是一个好人。如果你是个坏人，无论别人怎么认为你，你的品格就是坏的。你无法从自身的品格中逃脱。人可以摆脱不好的名声，因为那是外在于他的东西。然而他却无法摆脱他恶劣的品格，因为品格就是他自己。一个人的名声就像他的影子，太阳的高度决定了影子的长短，甚至当太阳升至最高处时，他的影子还有可能彻底消失。但是品格就像眼睛的颜色，无论眼神是什么样的，眼睛的颜色却从来不会变。爱默森说："环境的变化不会弥补品格的缺憾。如果你心地邪恶，你只有在道德上悔过自新才能修缮你的品格。"

现在大家想必都已经弄清了品格的含义，那么咱们就来思考一下人是如何朝着善进步，又是如何朝着恶堕落的。

我们应该牢记一点，那就是品格是慢慢养成的。品格不像金子那样，从矿里开采出来以后就被冲压机打上印记。我们与生俱来的天性中带着各种弱点、性情和欲望，但是唯独缺少品格。品格是各种力量作用的结果，其中最重要的力量就是你自己的选择和意愿。品格是由你自己塑造的。你刚一出生时，老天给你安排的命运并不是你的选择，你也无法决定父母会遗传给你什么样的性情，但是你会成为什么样的人却基本是由你自己的意志来决定的。英明而仁慈的上帝为人做出了这样的规定，即人不可以脱离上帝。诚然，人始终生活在自然与社会之中，但是人更是始终生活在神的光芒之下，而这是最重要、最深刻的道理。

某些时候，人就是自己命运的主人。亲爱的布鲁图，并非是我们的星座使我们注定犯错，而是我们自己铸成了我们的错误，而我们的一切行动无不是源于我们自己。

一个基本道理是，你未来的道德面貌首先是由你自己决定的。这个自主权利很重大，同时也很危险。拥有这样的权利，证明人具有了真正的尊严，因为他是上帝创造出来的，是上帝的孩子。正是这个自主选择的权利使人与野兽有了显著的区别。一头野兽不具备道德观念，也就不具有品格，因此也无所谓具有什么样的命运。它进食、睡觉、繁殖，然后死亡，完成生命的一个周期。但是人有良知、理性和意志，他的精神和道德可以无限地成长，他向上超越的空间是无限的，肉体仅仅是他的基础和工具。肉体的功能是他天性中级别最低的功能，注定要从属于精神与理智。虽然他的双脚踩在大地上，但是他的头却可以触碰到星星。从肢体的发达程度来讲，人其实比动物差远了，但是提起理性以及道德的禀赋，人却超过了世上的一切，因此人是万物的灵长。理性与意志使人比大象还强壮，比马还迅捷，比蚂蚁和海狸还灵巧。人的精神世界使人彻底超越了动物的范畴。婴儿似乎尚未脱离动物状态，但是很快他就显现出精神的灵光，预示着他终将能够了解上帝，并分享上帝的力量、智慧与神圣。

总之，人有能力形成自己的道德品质，并在各种人生的际遇与实践中通过运用内心的道德力量塑造自己的品格。但是塑造品格的过程是在各种因素的合力作用下进行的。任何时候，生命的完整性都主要是由细节构成的。在小事上做出的选择，在小小的磨难中锻炼自己的意志，经常重复的日常行为，平淡无奇的事物，这些都是在混沌未开的天性上进行了成千上万次的精雕细刻，使它最终显露出形状和特征。其实，品格的塑造与艺术家在石头上进行雕刻非常相像。雕刻家采来一大块粗糙的、不成形状的大理石，然后挥起槌子和凿子一下下地使劲凿它，很快这块石头就呈现出模糊的轮廓，隐约体现出艺术家的构想。然而接下来是要花费很多小时、很多天，甚至好几年的耐心细致的工作。在一个没有经验的人看来，这件雕刻品似乎每天并没有什么变化，这是因为尽管凿子凿了它数千下，但是每一下都不过像雨滴一样轻微，但是每一下都终归在石头上留下了印记。有一次，正当大艺术家米开朗基罗的一件雕塑作品基本完工的时候，他的一位朋友前来拜访，看到塑像惊诧地说："是不是自打我上次从您府上离开之后，您就一直歇着啥也没做啊？""才不是呢！"米开朗基罗回答道，"我修改了这个部位，打磨了那个部位，我把这里的曲线改得柔和了一些，突出了这块肌肉，让这片嘴唇更富有表情，让这条胳膊看上去更有力量。""哎呀！哎呀！"他的朋友说："这些都是细节呀。""或许是这样，"米开朗琪罗回答道，"但是别忘了，细节造就完美，而完美绝对不是细节。"

　　塑造品格也是这个道理。每天我们都要面对外界无数细微的影响，要么是好影响，要么是坏影响，而这些影响都要我们自身主动接受之后才会对我们产生作用。渐渐地，我们的品格终于形成了。任何人的品格都不是一下子形成的。品格的大致雏形或许在小时候就显现出来了，但是随后的岁月里，缓慢的、精雕细刻的工作一直在进行着，直到最终形成鲜明生动的形象，也就是优美的品格或丑恶的品格。品格形成的过程很难在每个微小的细节中观察到，而人们每天做出的种种选择全都会给人们留下某种影响。今天的行为就是明天的习惯，习惯的总和就是他的生活。我们说出的话也能决定我们会成为什么样的人，因为自己说出来的话也会对自己产生作用。错误的话语会立刻受到惩罚，因为它对说话者的品格造成不好的影响，说下流话的人旋即就在人格上有了污点。我们的行为也同样会不可避免地反过来影响到我们自己。我们所做的事情会影响到我们将成为什么样的人。我们的一切行为既能够表明我们的品格，也能够塑造我们的品格。行为的意义一向是无比重要的。你可能认为，我现在无所谓，慢慢地，我自然会不再那么做，现在我做的这些事情不会对我的将来造成什么不可弥补的影响。这可是个危险的错误想法。很多人在年轻时做事随意、言语轻狂，却忘记了自己的每一个言行就像一粒种子，而每一粒种子都会结出一份果实。倘若他们种下的是风，那么他们收获的就将是旋风。倘若种下的是罪过，那么收获的就将是悲伤，这会令你追悔莫及，就算以泪洗面也终究无可挽回了。

最愚蠢的行为莫过于不拘小节、散漫任性。重大的危险、诱惑或悲伤能够考验一个人的品格，能够显示这个人的品格究竟如何。而应对重大危机的能力是在日常生活中慢慢培养出来的，这个培养过程有可能很成功，也有可能非常失败。一个人倘若从年轻的时候起就一直以诚实的态度对待每件小事，那么成年以后他就能够很好地面对生活中的打击和压力。倘若一个人在小事上不注意履行自己的责任，那么一旦到了面对诱惑的紧急关头，他的道德必然不堪一击。

人的品格就是这样塑造成固定而不可改变的类型的，这是人性变化的基本过程，谁也改变不了。华盛顿小时候曾对爸爸说："我决不能说谎。"[1] 评论家曾经质疑过这个故事，但是我相信这个故事是真实的，因为的确有一些证据可以证明这个故事的真实性，而且这个故事预示着华盛顿将来的成就与声望。那位纯真、率直、热爱真理的小男孩后来成为了一位真挚诚实的爱国者、刚正不阿的政治家，并实践了自己孩提时代的诺言。有些人从不说谎，养成了讲真话的习惯，这个习惯已经成为了天性的一部分。他们的品格被打上了诚实的印记，不可磨灭。我们都认识一些这样的人，他们说出的任何一个字都言之凿凿无可置疑，什么也撼动不了我们对他们的信任。然而，也有一些人谎话连篇，说谎的习惯已经扭曲了他们的人格，这种扭曲就时时表现在他们的语言里。雕刻家在采石场找到一块巨大而美丽的大理石。他打算用这块大理石刻一个雕像，而且脑子里已经想好了这个雕像的样子，但是用锤子凿了几下之后，雪白的石头竟然露出一道瑕疵。他继续凿，但还是无法将之去除，原来那道瑕疵贯通了整块大理石，既遮盖不了，也去除不掉，结果这块石头只好被扔掉。我们的品格也是这样，不纯洁或不诚实像瑕疵一样穿透我们的人格，给我们带来致命的缺点。当然，这个比方也不完全恰当。有时那道致命的瑕疵并非我们生命中固有的，而是我们自己的选择给生命添加了那道

---

　　[1] 华盛顿小时候曾经用父亲送给自己的小斧头把家里后院的樱桃树砍倒了，当父亲责问的时候，他诚实地承认了这件事。

第二章

品格

瑕疵。即便某种可怕的遗传使我们生来就具有某种瑕疵，但是我们也可以通过锲而不舍的磨砺将之消除，进而不断完善我们的品格。

现在我们来想想，优秀的品格包含哪些重要因素？由于篇幅所限，我仅能简要列举，更何况，这方面再好的说教也抵不过你目睹的真人真事更具有说服力，还有史书或传记所记载的伟人事迹都比我的话更加具有感染力，他"从上帝身边来，又回到上帝身边去"，他在尘世中度过短暂的一生，为世人树立令人难忘的光辉榜样，告诫我们应该具有怎样的灵魂。他是这世上存在过的唯一的完美的人，他体现了真正的男人气概，因为他真正代表了伟大的上帝。把他当作榜样，学习他的品格吧。他的品格的形成过程与你的一模一样，都是在平凡无奇的尘世中接受着最常见的影响。他历经诱惑、贫穷和各式各样的考验，从一个甜美的、不具有思想意识的婴儿成长为一个平和镇静、无往不胜的男子汉。他"心怀忧愁，熟知悲伤的滋味"，"作为儿子，他懂得了孝顺"，并且"在苦难中变得完美"。他所表现出来的品质——殷勤和蔼、正直勇敢、忠贞沉着、慷慨无私，以及充满智慧、自我牺牲、热爱真理、热爱他人，热爱他所代表的上帝——让我们明白了什么是完美品格的基本要素。如果我们不能做到耶稣那样完美，我们可以追随他。只要追随他，我们就可以达到一个崇高的境界，这是任何宗教导师也无法引领我们达到的高度。

当我思考人类的高贵品格的时候，眼前浮现出很多生动的事例。但是，我们花几分钟时间来思考一下构成高尚品格的基本要素还是非常有益的。只要我们立志拥有最高尚的品格并成为心地纯净的人，我们就不仅应该，而且是必须具备这些品德。

首先，真诚是最重要的。所谓真诚，就是真挚而诚恳。古希腊有句格言：$Oὐ\ δοκεῖν,\ ἀλλ'\ εἶναι$ ——何必假模假式，不如踏踏实实。真诚的人把这句话视为无上的真理。你必须真挚，你的每一言、每一行都要真实诚恳，这是一切道德价值的基石，谁也不要矫饰自己。请大家直面自我，清除掉内心中所有的虚伪和奸诈。

表里一致，知行合一。

虚伪不仅仅是一个错误，而且还是一个缺陷和一项罪过，就天资和财富也无法弥补或挽救。

与真诚密不可分的就是诚实，这可不是简单的道理。语言只有符合事实才能叫真话，而一个人只有讲真话才能称得上诚实。人格健全的人往往是诚实的人。

另一个非常重要的品德是纯洁。所谓纯洁，就是指"心灵的洁净"，就是不再猥琐淫荡，就是对一切污秽的东西都怀有一种本能的厌恶，就是在道德上具有强烈的自尊，能够像回避不洁净的行为那样回避不洁净的思想。传说中的白鼬① 宁可死也不愿弄脏了自己无暇的皮毛。但是纯洁并非消极，并非要人们仅仅回避不好的东西，却从不主动创造或者发现美好的东西。纯洁，是心灵的洞察力。耶稣说："心灵纯洁的人有福了，因为他们能够看见上帝。"心灵纯洁的人的确能够看见上帝，一直在上帝的陪伴下生活。纯洁不是指心灵绝对单纯。几乎没有人能够拥有不带一丝杂质的心灵。纯洁是指严格的自律，以及对洁净的道德所怀有的热忱。当人们在上帝的感召下，觉察到自己的心灵隐藏着罪恶，然后与之进行斗争，道德就受到了不断地净化。心灵的单纯，就像青春，一旦失去，就再也找不回来了。而纯洁，却比单纯高尚得多。人们只要锲而不舍地努力追求，就一定能够获得心灵的纯洁。

优秀品格的另外一个要素就是博爱——对世间万物充满仁爱，使生命变成闪亮的泉水，源源不断地涌出善良与美好。这是人性中最高贵的美德，这个美德最能使人接近于上帝，因为"仁爱的人是应上帝的意志来到这个世界的"。你或许真挚、诚实而且纯洁，但是如果缺少了一颗仁慈善良的心，那么你的存在依然毫无价值。

最后，那就是要坚定不移地热爱真理，要具有为了捍卫正义而牺牲自我利益的胸怀。在苏格兰的英雄时代，曾经发

---

① 白鼬，一种动物，其皮毛华美洁白，古代国王与贵族常用其皮毛作为装饰。

生过这样一件事，可以充分说明我的观点。在人们为保卫长老会而斗争的时代①，约翰·威尔士，艾尔地区的一位牧师，因为信仰而遭到流放。詹姆斯国王告诉他的妻子，也就是约翰·诺克斯②的女儿，她的丈夫只要放弃信仰就可以回到苏格兰，同时还暗示，她最好能率先放弃信仰，以便动摇丈夫的信念。听了这话，这位高贵的女士举起围裙回答道："尊敬的陛下，我倒是宁可在丈夫死后用这个围裙包裹好他的头颅！"正是这种高贵的品格成就了长老会的光辉业绩，也正是这种品质成就了人类历史上其他的英雄伟业。

十九世纪的美国与十七世纪的苏格兰同样需要这种伟大的品格。社会、政治与宗教都在呼唤着坚韧不拔的人——

高贵诚实的人，能够坚定地面对

政客的人，任凭政客怎样甜言蜜语也无法蒙蔽的人。

我们社会还呼唤着能够为社会带来新生力量的女人们，她们教育我们的下一代热爱真理，不要贪图富贵和享乐而动摇自己的信念。

现在，我们来探讨品格的价值。这个问题并不需要我们在这里计算，生活会告诉我们答案。世界懂得品格的价值，无

---

① 苏格兰十七世纪发生的一次宗教运动。

② 约翰·诺克斯（1505～1572），苏格兰长老会创始人。

论好人还是坏人，所有人都齐声称颂美德。曾经有一个无赖对一个因诚实而远近闻名的人说："我愿意花两万镑来买你的美名。"诚实的人问他为什么，他回答说："我可以再卖出去，能赚四万镑呢。"这倒的确是一个无赖的回答，但是这也说明了美德的珍贵。商业的基石是由好人营造的诚信。品格高贵的人是社会的良心，是他们而不是警察监督着法律的运行。他们就像一个无形的政府一样保障着社会的正义。据说，俄国沙皇亚历山大一世的个人品德所发挥的作用抵得过一部宪法，而蒙田将军的美德比一个骑兵团更能够保卫他的安全。在法国宗教战争期间，蒙田将军① 是法国上流社会中唯一没有把城堡大门紧紧锁上的人。具有高贵品格的人是真正的贵族。斯迈尔斯先生告诉我们，有一次，罗伯特·彭斯② 因为在大街上跟一位诚实的农民主动打招呼，就被爱丁堡公爵府上的一位年轻公子狠狠教训了一顿。彭斯激动地回敬道："怎么回事，你这个大傻瓜！我可不是在跟一件华美的大衣，或者一顶高贵的帽子，还有一件漂亮的靴裤讲话，它们又怎能是我交谈的对象！我是在跟穿着这些东西的人讲话。而那个人，殿下，总有一天会超过你我价值的总和，甚至十倍也不止！"他的回答印证了他曾写下的诗句：

---

① 蒙田将军（1533～1592），法国十六世纪人文主义思想家，著有《蒙田随笔集》，其所处的时代发生了历经三十年的宗教战争。

② 罗伯特·彭斯（1759～1796），苏格兰诗人。

地位不过就是硬币上的印花，

人才是印花下面的金子。

国会议员费什·爱默如此评价康涅狄格州的罗杰·谢尔曼："有时我没能参加某个问题的讨论，事后不知该把票投给哪一方，这时我就看罗杰·谢尔曼怎样投票，因为我相信跟他站在一边肯定不会错。"罗杰·谢尔曼的传记作家说，他是一个虔诚的人，无论在何处，家里、家外或是参议院里，他都是一个忠诚的人。每个人都见到过这样的人，他们美好的一生使得这个世界更加可爱，使得阳光更加和煦，并使得社会更加健康。他们的天才可能令我们赞叹不已，但是他们的品格却像来自天空的引力，吸引着我们的灵魂向上升起。他们的成就可能会令我们感到羡慕崇拜，但是令我们肃然起敬的却是他们的品格，因为他们的品格使我们为自己的错误而羞愧，为自己的罪过而深深自责。

高尚的人不会死去。他们不过是离开了我们的视野，离开了他们默默独行的道路。他们化作了强大的道德力量，依然活在这个世界上，依然陪伴着我们。他们的精神使我们的生活免于堕落，让我们的心灵不再迷茫。他们的名字时常被我们提起，变成语言中的崇高词汇，使我们更加热爱祖国，更加珍惜家庭。"铭记圣贤之高尚言行的人，有福了。"

年轻人塑造自己的品格就应该像建造大楼一样，务必要建造得结实坚固。能够决定你们将来一生道德品质的是你们现在所做的选择和行动，还有你们现在所崇尚的思想、形成的习惯以及你们现在所怀有的追求与信念。这是一个充满希望与变化的人生阶段，从而也是最重要的人生阶段。大家一定要头脑清醒。

【第三章】

习

惯

习惯的力量十倍于天性的力量。

——威灵顿[1]

年深日久，积习终将酿成罪恶。

——汉纳·默尔[2]

沾染上一个坏习惯是很容易的，但是若要去除它，却如同剔骨扒皮一样痛苦。

——H.W.肖[3]

习惯是位于人性中最深处的本能，是我们最强大的力量，但是有时也是最令我们痛苦的弱点。

——卡莱尔

收获的粮食总是比播下去的种子多。播种下行为，就会收获到习惯；播种下习惯，就会收获到性格；播种下性格，收获的就将是命运。

——乔治·唐纳·伯德曼[4]

要竭尽全力不让心灵迷失，因为心是生活开始的地方。

——所罗门箴言

---

[1] 威灵顿（1828～1830），英国首相。

[2] 汉纳·默尔（1745～1833），英国作家、宗教小册子作者。

[3] H.W.肖（1818～1885），美国幽默家。

[4] 乔治·唐纳·伯德曼（1801～1831），美国著名传教士。

"习惯"是我们日常生活中的常用词汇之一，人人都知道它是什么意思，若现在我再把它解释一遍，就显得多余了。但是，追溯一下这个词的根意却是很有趣，也很必要的。习惯（habit）一词是从拉丁词 habitus 转化而来的，在进入英语时，最后一个音节被去掉了。

　　拉丁语里的动词 habeo 的第一个意思是"拥有，具有所有权"，第二个意思是"具有使用权"，最后一个意思是"具有一种特点或特质"。由此说来，这个词在拉丁语里就已经具有英语中这个词的意义。"习惯"指的是一种对人具有一定控制力的行为模式，由于有了这种行为模式，人们就相应地具有了某种固定的行为倾向。例如，有个人习惯于每天早晨在一个固定的时间起床，这就是说，他被这种行为倾向控制着，一到这个时间，他就非起床不可，不受自己意愿的支配；或者，这个人有服用兴奋剂的习惯，这就是说，他的某种神经状态在控制着他，使他身不由己地渴望酒精的刺激；或者，他有准时赴约的习惯，也就是说，有一种坚决按时完成任务的冲动在控制着他。习惯对于人具有一种控制力量，使人身不由己地做出某种举动、服从某种冲动，或陷入某种情绪状态之中。

我们探讨一下习惯的养成。人注定会养成种种习惯，这种特性是人性的一个基本要素。事实上，习惯的养成并非因为我们喜欢让习惯来支配自己的生活，而是因为我们注定要养成这样或者那样的习惯。我们通常探讨的问题是人应该养成哪些习惯，而在这个问题上，我们却从没有仔细思考过。人是各

种习惯的综合体，品德就是一个人道德习惯的总和。一般来说，从人的行为角度来看，人性就像一条河流，总是在寻求着进入大海的最便捷的道路。如果这条河流遇到什么阻碍，它就会绕过这个阻碍继续向前流。但是，无论这个过程有多么曲折，总体方向却是确定不变的。它有固定的河床，除非在外力的作用下，河床才会改变方向，而这个外力必须要大于河岸的承受能力以及河流自己的惯力。因此，我们就很自然地要在行动中寻求阻力最小的方向，最令我们感到愉快的方向。习惯很快就形成了，它就像河床控制着河水一样控制着我们的行为。这个过程可能由我们的天性引导，而天性则决定着习惯。但是，如果我们的意志非常坚强，并受控于良知与理性，那么我们行为的流向就会发生改变，不再仅受自然天性的支配。我们可能会选择一条艰难痛苦的道路，而且在此过程中，形成了习惯之后，这个习惯会反过来更加坚定我们的决心，使原本艰难

困苦的道路变得顺利畅通，而天性也就由此发生了改变。

很多习惯，都源于一些简单的主动行为。这些行为经过几次重复之后，就形成了一种惯性，继续不断重复下去，经过了一段时间不断强化之后，最初的主动行为终于变成了不自觉的、下意识的习惯。最能说明这个问题的例子就是小孩儿学走路的过程。第一步是有意识地主动迈出来的，这是一个艰难而危险的动作。看一个孩子学走路，你就会明白习惯是如何一点点养成的。一开始出于好奇和兴奋，孩子马上就有了进步。在一旁密切关注的母亲始终小心呵护，不让孩子发生任何闪失。过不了多久，小孩儿迈出的步子不再是提心吊胆的尝试，而是自然而然形成了习惯，小孩儿从此不再关注自己迈出的步子，走路完全变成了一种本能的无意识的动作。

所有身体动作都可以经由最初的自觉阶段变成最终的不自觉的习惯。体操运动员动作舒展流畅，骑自行车的人轻松自如，还有训练有素的士兵在演习中动作精确娴熟，这些其实就是经过强化了的高度发展的习惯，而我们的精神活动和道德理念基本上也是如此。我们所有的日常行为都有习惯作为基础。任何事倘若我们重复去做都会变成习惯。

一个人行为经常重复，的确可以形成习惯。

重复的行为必然要成为习惯，这谁也阻止不了。从生活的更高层面上来讲，也就是精神与道德的层面，习惯的养成发挥着更广泛更深刻的作用。习惯并非全都源自我们身体器官的官能。但是，我们主动自觉的行为却的确是由于神经系统的变化或神经系统能量的消耗而造成的，或者与之密切相关。我们的精神与身体一样，一切活动都建立在一个生理基础上。大脑进行思考的结果就是神经系统的改变。这与走路会改变躯体的某些组织结构的道理一样，都是不可避免的。同理，祷告会改变神经结构，而弹钢琴也会对大脑产生影响。尽管人的思维与生理器官之间的关系依然是个未解之谜，但是有一点可以肯定，就是思想与生理基础是密不可分的，还有一点可以肯定，就是我们的行为。无论是自觉的还是下意识的，其发生都需要消耗神经系统的能量，所以这些行为也会对神经组织产生反作用，给其带来一定程度的永久性影响。虽然并非所有的习惯都是纯然的生理现象，但是对于多数习惯来讲都在很大程度上有着相应的生理基础，而某些习惯则完全属于生理范畴。神经系统就像一台留声机，不断接收震动，这些震动不仅是可以再现的，而且是在不断地被再现出来的。所有的习惯都是这个道理，都要最终通过生理官能表现出来。W.B.卡彭特博士说："神经系统是按照其被使用的方式来发展的。"酗酒的危害就在于此。由酒精带来的刺激被输送到神经系统中，并在神经系统中留下印记，尔后这种印记发挥作用，神经系统要求再次重复这种刺激。起初，这种要求很微弱，因为初次留下的印记并不深刻，但是以后不断酗酒，就会加深这个印记。于是，神经系统对于酒精刺激的要求就会变得非常强烈而不可遏止了。虽然饮酒是一种受意志控制的行为，但是嗜酒却基本上是生理上的欲望。一旦欲望形成，就不是人的主观愿望可以去除得了的。这如同伤口，一旦出现，就不会因为人们的愿望而自动复原，它必须经过治疗才能痊愈。有真知灼见的人对此感到深深的忧虑，并确信酗酒并非道德堕落之表现，而是必须靠医疗手段，像治疗疾病那样来戒除这种习惯。

从大的范围来看，神经系统毕竟还是受到主观意志的影响的。如果神经系统得到恰当的使用，神经对于意志的服从能力会大大提高。一个人应该有能力"驾驭自己的身体"，除非他由于长期放纵而失去对欲望的控制，反而让欲望占了上风，并任由欲望在生理习惯中强化固定下来。

身体行为的习惯显然是神经系统在不断地刺激下建立的条件反射。毫无疑问，精神方面和道德方面的习惯也在很大程度上是神经反射活动的表现。不要担心，我不会用唯物主义观点来理解人的生命。人的灵魂并非物质，它也并不依赖于物质而存在，虽然它须借助于物质的器官来表现自己。肉体并非人本身，仅仅是人的一个工具罢了。我们还是应该尽可能多了解一些身体方面的知识，并深入了解身体与灵魂之间的关系。这方面的知识，多多益善，因为身体的状况对于生命的各个方面都有巨大的影响，无论是那些体现我们动物性的行为，还是那些体现我们神性的行为。思想并非来自大脑，但却是由大脑加工整理的，而且显然是记录在脑组织上的。因此。我们的思维习惯也有一个物质基础。同样，我们的精神活动也是如此，因为所有的精神活动中都包含着理性的成分。也就是说，这些活动都有智力活动的参与，而智力活动均会造成大脑神经方面的改变。我们的情感也会给神经系统带来影响。三十多年前，霍兰德的书《痛苦的甜蜜》刚一出版，很多读过此书的人感到非常吃惊，因为小说中的一个人物以一桶咸牛肉为题进行了一番说教，大意是牛肉可以：

> 给勤劳工作的人们带来力量；
> 给虔诚祈祷的灵魂带来信心。

但是，除了对于这样描写是否趣味优雅，富于诗的美感等问题之外，我们对这句话别无争议。食物能够构筑人体组织，给神经体统带来能量。无论是祈祷还是劳动，都需要消耗食物供给的能量。你做事、讲话、思考，还有感觉，这些无一不给神经组织带来一定影响，然后再对你今后的做事、讲话、思考以及感觉产生影响。习惯可以被看作是重复的行为给神经造成的印记。记忆，虽然确有精神的一面，但是也有生理的一面。过去的每一个行为都会给敏锐的大脑留下一些印记，而回忆往事，就是重新读取这些印记。虽然如此解释记忆并不十分透彻，但是在一定程度上却是正确的。

倘若以"习惯"为主题进行一次仔细地调查研究，那么研究结果一定会表明，忽略或贬低生理的作用是愚蠢的，甚至是有罪的。经过生理的调节作用，我们不断形成各种习惯，使某些操控我们行为的本能发生改变，进而决定了我们今后的思想行为的状态。一位老作家凭着直觉，深刻觉察到人性的复杂，因此激动地大喊："上帝把我造得多么美好，可同时又是多么可怕！"

为习惯找到生理基础，这具有极大的实践指导意义。要明白，生活中的任何一个行为都是重要的。简单的行为就是习惯养成的发端。每重复一次某个动作，就会使这个动作更加接近于习惯。而习惯的养成其实就是让情感、思想或者行为在你的生理器官上留下印记。你无意中主导了神经系统的改造过程，而在这个过程中，你不可能像擦掉黑板上的字迹那样随意消除掉这些印记。神经系统的改变是持久的，而且还会自我延续。你头脑中的思想，你心里的愿望和冲动，你的激情、你的喜好、你的渴望，以及你的信仰，都在你的神经系统上刻下不可磨灭的印记，慢慢形成习惯，塑造你的品格，而你的品格就决定了现在的你甚至将来的你究竟是个怎样的人。人总是要养成某种习惯的，这无法避免。习惯的养成是人性的一部分。你能决定的，就是你想养成好习惯还是坏习惯，是暴戾的习惯还是仁慈的习惯。要好好留意你的行为、思想和情感。只有纯洁高尚的行为与趣味才会给你带来安全和幸福。所有错误的行为，无论是外在的还是内心里的，都会伤害到自己。做过的事情再重复做，就会比原来容易一些。鞋匠做第二双鞋的时候就感觉比做第一双简单多了。若是把钢琴学通了，再学起别的乐器来，就会轻松许多。能够轻松灵巧地完成一个动作就证明了习惯得到了加深。已经学会的功课会令以后的功课变得简单起来。道德行为也是如此，每犯一次过错就给下次的过错做好了铺垫。第一次故意说谎可能会令人痛苦，但是第二次说谎就不会那么难受，第三次就更没有什么了。这样，撒谎很快就成为一种无意识的习惯。一次慷慨之举就会引起今后一连串的慷慨之举。我们最高尚的行为就能表明这个道理，即行为重复多次就成为习惯。即便是信仰也是一个习惯养成的过程。一次信上帝，以后次次信上帝。祷告可以变成习惯，不仅指形式上的，更指内心里的，以至后来，人会发自本能地向上帝祷告，就像呼吸一样自然。抗拒诱惑，保护美德，这种行为也会渐渐地习惯成自然，不必再费多大心力。一个人之所以能够铸成正直高尚的品格，是因为他实践着正直高尚的行为，直到正直高尚变成了一种固定的习惯，而另一个人却养成了卑鄙邪恶的品性。很显然，这是因为他不断重复卑鄙邪恶的行为。邪恶已经成为他的本能，从习惯上来看，他已然成为一个邪恶的人。

人生是非常博大深远的，其中的深奥道理我们难以完全掌握，更是难以一言以尽之，但是这个道理也是很明显的。我们生活中的首要大事就是不断修正自己，让自己变得正直高尚。如果你想拥有美德，你就要赶紧实践美德，哪怕本能和诱惑使之变得痛苦而艰巨。开始实践，并坚持下去，渐渐地，你就会感到轻松而愉悦。

别忘了，习惯的养成不是朝着这个方向，就是朝着另一个方向。你的所有行为都在引导着你生命的流向，或者流向善，或者流向恶。正如德莱顿① 所写：

就像溪水流入了河，河水又汇成了海。

就像奥古斯丁② 所说："习惯，如果你不是故意抵制它，很快就会变成生活中不可缺少的一部分。"

习惯的养成，既是一桩危险，又是一层保障，关键就看我们的选择对错与否。一方面，我们面临养成坏习惯从而形成坏品格的危险。良知变得麻木，难道不就是因为心灵养成了排斥道德熏陶的习惯吗？堕落并非遗传，而由于经常违背上帝的意志并形成了习惯，从而形成了恶劣的品质。当恶已经在心里和行动上变得毫无阻碍时，恶的品质就是彻底形成了。乔治·斯德顿爵士告诉一位朋友，他在印度时曾访问过一个犯了杀人罪的男人。这个男人为了保住性命，同时也更是为了保住对他具有更大意义的种姓，他接受了判罚，就是说，他必须在一张特制的铁床架上睡七年。那张床没有垫子，表面上布满了钉子样的铁疙瘩，只不过不像钉子那样尖利，不能刺破人的皮肤。乔治爵士在他受罚的第五个年头去看他，他的皮肤已经如同犀牛皮一样了。从那时起，他就能够在那张长满了刺的床上

① 德莱顿（1631～1700），英国诗人。

② 奥古斯丁（354～430），罗马帝国的思想家、神学家。

睡得非常香甜了。那个人还说，等到服满七年刑期时，他可能还会继续这样睡，因为他已经适应了，并且必须这样睡不可。罪恶，起初就像一张带着刺的床，过了一段日子，就变得不那么令人难受了，因为人已经失去了道德的敏锐感受力。圣保罗曾说过，有些人"失去了感觉，让自己沉迷于欲望以及不洁的行为之中"。他所说的就类似于那个印度人的情况。无论我们多么强大，尝试罪恶总是危险的。起初，罪恶像蜘蛛网，而最终就像个铁索链了。无论从哪个方向看去，我们都能够看到活生生的例子，它表明恶习像枷锁一样牢牢控制着人。有一个人，曾经非常慷慨大方，但是现在却贪婪成性，恶习像绳索一样捆绑着他。另外一个人，整日沉湎于色情的思想和欲望中，直至后来，嗜淫如命，不能自拔。现在，他像得了麻风病一样，人人避之唯恐不及。还有一个人，从前非常诚实，而现在却撒谎成性。他们谁也没有从开始就希望自己变成这样，但是他们都是刚开始不小心犯错，然后错误变成习惯，最终习惯腐蚀了品格。但是，习惯也可以用来捍卫美德。

> 习惯，是个妖怪，
>
> 恶魔化身为各种习惯，
>
> 吞吃掉人的理智；
>
> 可有时习惯也变成天使，
>
> 能把人们良好的行为，
>
> 变作合体的衣衫，

让人看起来尊贵又体面；

今天克制住的欲望，

明天就更容易使之熄灭，

下次再克制一下，

今后就更加轻松。

因为行为可以改变天性，

要么让前来诱惑你的魔鬼无地自容，

要么就把它从心里狠狠踢出，

用你最坚贞最强大的力量。

约翰·弗斯特说过："没有什么比名为'习惯'的传染病更加困扰埃及的了。从宗教角度来看，习惯给人们带来无比的喜悦。虔诚的人无比欢欣鼓舞地感觉到，内心里的神圣信念常常带给他强大的力量，使自己形成某种习惯，来取代自己的意志，这个习惯不知不觉就牢牢控制住人们的思想。他感到，这个牢固的习惯就是神的手，在牢牢地掌握着他，永远也不会放开他。"好习惯非常可贵，其价值无法估量。我们早已明白恶习的力量，可能我们用不着再从别人的经历中寻找例子了。有时，我们感到，似乎恶魔占据了我们身体的每一个部分，占据了最有利的地位，用可怕的力量困扰着我们。一个人倘若正在为此而苦恼，就会比以往更加深切地理解圣保罗的哭泣："我是个多么凄惨的人！谁能把我从这注定灭亡的躯壳里拯救出来？"灵魂已经接近了神，但是习惯所赖以存在的肉体却常常阻碍灵魂的表达，于是一个人的肉体生命仅仅能够隐约地显示出灵魂所达到的高度。这也表现出死亡的另一面，就像牧师带着上帝的恩宠向弥留之际的人们指出的那样："振作起来，挣扎中的灵魂！这场斗争艰苦而漫长，但是，慢慢地，仁慈的死神会让你摆脱肉体，彻底获得自由，让你如愿以偿。"当罪恶不能控制心灵的时候，就会竭力控制人的神经；当仁慈的坟墓接收那被罪恶侵蚀得千疮百孔的神经时，饱受折磨的灵魂就会得到安息。

但是，尽管我们已经非常清楚恶习的力量有多么可怕，可我们还是不太明白好习惯的力量也是同样巨大的。这可能是由于好习惯形成得要慢些，除非来自我们周围的全部都是良好的影响，这可是不太常见的情况。好习惯的养成与自控能力是密不可分的，而坏习惯则不需要这种能力。我们的天性就决定了我们喜欢按照熟悉的模式来做事——也就是我们必定要养成一些习惯。我们可以利用这一点来使生活变得高尚、神圣起来。好习惯可以被养成，而且好习惯也是习惯，一旦养成，所发挥出的力量与坏习惯所具有的力量是一样大的。好习惯是捍卫宗教信仰的堡垒，是守护美德坚不可摧的要塞。而从一定角度来看，那些重要的美德无非就是一些优秀的习惯。很多人把事业上的成功归功于自己早年养成的勤俭奋斗、不屈不挠的好习惯。我记得，有个小男孩养成了这样一个习惯，就是在帮父亲劈柴的时候，不放过任何一个硬木头结，非要把所有的木头都劈好不可。很多时候我都在想，当这个小男孩在今后的生活中遇到艰难困苦的时候，从劈柴的经历中所形成的自律精神，以及不达目标绝不罢休的习惯一定会使他获益匪浅。耐心地面对困难并努力克服，长此以往，克服困难就会变成习惯，而困难也不再显得那么令人畏惧了。所谓教育，按照正确的理解来讲，就是通过反复而系统地训练人的理性，使人养成正确的思维方式。在此过程中，不仅是思维，就是大脑本身的结构都会发生一定的变化。詹姆斯教授[1] 说："教育的一个重要任务就是把神经系统变成我们的盟友，而不是我们的敌人。教育其实就是把我们拥有的财富变成金钱，然后就以此为基础轻松地坐收利息。我们必须尽早把好的行为变成习惯，把好习惯变成尽可能多的好的行为，我们对坏习惯应该像对传染病那样充满警惕。"因此，教育就是养成良好的思想习惯。正直诚实无外乎是经过强化了的正直处事的习惯。礼貌友好的态度使人们显得风度翩翩、可爱动人，其实并非他们从本质上就优越于他人，而是由于他们通过不断地努力，养成了用礼貌、友好的态度待人的习惯。快乐也是一种习惯，这个习惯倘若得到充分强化，则可以消除所有苦闷抑郁的情绪。从每一天的经历中都看到好的一面，这个习惯是很多人在商业和其他职业中获得成功的重要原因。大卫·休谟[2] 宣称，从光明的角度看事情要比每年挣一千英镑还使人有收获。人们有时抱怨说自己总是心情忧郁。

---

① 詹姆斯（1842～1910），美国心理学家、哲学家。

② 大卫·休谟（1711～1776），苏格兰历史学家、哲学家。

他们的忧郁就是一种本不该养成的习惯，这个结果是他们自己造成的，他们自己也深受其害。同样，仁慈也是一种习惯。人们只有学会了付出，也就是养成了付出的习惯之后，才会慷慨大方地付出。

最后，我们来探讨一下在青年时代养成良好习惯的重要性。在青年时代，人的品性尚未定型，具有很强的可塑性。这个时期，神经系统以及思想都特别易于接受外来影响，而且这些影响一旦接受就会很难去除。多数人都是在二十或二十五岁以前就已经定型了，因为在这个年龄以前，能够影响品格的习惯尚未形成。骚赛^① 说：“不管你寿命几何，二十岁以前是你生命中最漫长的日子。”斯迈尔斯告诉我们，沃科特博士一向纵欲无度并诽谤成性，在临终弥留的时候，有人问他，有没有什么事可以让他感到满足？ “有的，”那个垂死的沃科特说，“把青春还给我吧！ ”这种请求当然是徒劳的，青年时代的机敏与可塑性永远也不会再回来了。机会失去了，就再也找不回来了。恶习是无情的暴君，使人深陷其中不能自拔。并且，恶习更是年轻时给自己打造的镣铐，直到老年也无法将其打碎。无视这条真理，灵魂将蒙受不可挽回的灾难和无法抚慰的伤痛。“敌人掌握了我的意志，然后做了一副锁链把我捆住。因为淫欲就是不受控制的意志，淫欲得到满足就会变成习惯，习惯不受到抵制就会变成不可缺少的生活内容。这个过程环环相

---

① 骚赛（1774～1843），英国桂冠诗人。

扣，连成一个牢固的锁链，把我绑缚其中，使我不能挣脱。"很少有人不为自己在年轻时养成的坏习惯感到后悔。即便那个年轻人非常聪明，充分吸取了老年人的教训并听取了他们的警告。詹姆斯教授在他的心理学著作中的话非常深刻，非常富于洞察力，我实在有必要在这里大段地引用一下。

　　用心理学方法研究人的精神状态可以最有效地激励人树立健康的道德准则。人用错误的行为养成恶习，恶习又败坏了品格，这等于我们在活着的时候给自己建造了一座地狱，而这个地狱与神学里所讲的人死后有可能沉入的地狱同样可怕。倘若年轻人能够意识到他们很快就将行走在由习惯铺就的道路上，他们就会趁着自己依然具有可塑性的时候更加注意自己的言行。我们在营造自己的命运，或者善，或者恶，一旦形成，则无法摆脱。每实践一次美德或恶德，都会给我们的心灵留下不小的痕迹。在杰弗逊[1]的剧本里，那个醉醺醺的瑞普·凡·温克尔，每次酒醒之后，就会为自己找托词，并说：'这次不算！'那么好吧，他可以不计较这一次，仁慈的天堂也可以不计较他这一次。但是尽管如此，这一次却被累计在他的心灵里。在他的神经细胞和神经纤维里，分子在计较这件事，把这件事记录并储存下来，等到诱惑再次来临的时候，这

---

①　约瑟夫·杰弗逊（1829～1905），美国著名演员兼剧作家，曾经把华盛顿·欧文的小说《瑞普·凡·温克尔》改编成同名剧本。

055

第三章

习　惯

件事的记录就可以让他丧失意志。我们做的任何事情，按照严格的科学原理来讲，其影响都不会被消除掉。——《心理学原理》第一卷

你是否深思过这样一个事实，并领悟其中的意义？那就是，多数非常虔诚也非常有造诣的基督徒们在年轻时就已经是个令大家敬重的好人。你所熟识的很多品行高尚的人都是在岁月的历练中始终保持如一的品格。那些令所有人都崇敬热爱的人们，他们所表现出来的执著、纯洁与慷慨，不过是年轻时养成的习惯所造成的结果和延续罢了。一棵小树很容易就可以变成任意形状，但是经历了五十年风风雨雨的大树就很难再改变了。成年以后还能够发生重大改变的人真是太少了。习惯已经固定，品格已经形成，生活已像古老河道里深深的水流一样，两旁尽是用大石块构筑成的堤岸。

年轻人，请把这条真理牢牢记在心里：你要向上帝、向人类为你的习惯负责，因为你的习惯决定了你在这个世上究竟是有用之才，还是作恶的坏蛋。我说的并不仅仅是那些表现在生理方面的外部习惯，而且还包括那些能够决定你的道德品质的内在习惯，也就是你在感觉、思考、意愿以及言行方面的习惯。上帝给予了你一项至为宝贵的能力，即你可以通过选择并修正自己的成长方向来创造自己的未来。选择就摆在每个人面前：一边是善，而另一边则是恶。"选择你想要的。"但是他并没有让你独自面对选择。上帝的爱带给你力量，上帝的话无所

不在。在历史中，在大自然里，在你的身体里，处处给予你指导。上帝的精神能够使你变得更加敏锐，上帝给予你的所有帮助能够引导你做出正确的选择并实践正确的行动。倘若你选择了恶，事情又会是什么样子呢？你不能用习惯作为托词来辩解你的罪过，因为习惯是你自己选择并养成的，你必须为此负责。人不可能稀里糊涂地就成了一个高尚的人。习惯的养成是一个自觉主动的行为，常常带着清醒的目的。你只能通过主动做出的高尚行为来培养正直诚实的习惯。人们可以原谅你的罪过，但是原谅并不能去除掉恶习带给你的桎梏。上帝的仁慈与力量将使你能够抵御并克服那些业已养成的恶习，但是在面对生活时，心灵一定要保持清醒而自觉。

约束好自己的思想与言行，这样你就可以拥有高尚正直的人生，让心灵获得精神的力量，让精神的力量激发出你全部的生命能量，帮助你战胜邪恶，最终赢得这场光荣的斗争。

云的缝隙里呈现出一张张面庞，有些苍白，却非常圣洁。

他们是谁？会不会是旧时代的那些著名圣徒？

"是什么将我们的名字与事迹遮隐？"他们微笑着说，"上帝所记载的，只是生命的荣耀。"

"我们曾经坚定沉着地斗争，从不像个不懂事的孩子那样气恼抱怨，难道这一切仅仅是一场傻瓜的游戏，自欺欺人的骗局，或者装腔作势的表演？

那时，我们听到上帝的召唤，如雷霆般震耳：'到我这里来！'

第三章

习惯

于是我们就朝着上帝前进。

我们个个都是英勇的战士，义无反顾，绝不苟且后退！

这个世界将去向何方？上帝为此感到深深地忧虑！

跟随上帝的指引，一路上我们艰苦卓绝，心无旁骛。

成功或者失败，过错或者功劳，

一切后果必须由自己担负：

战斗吧，别去理会那些胆小的懦夫！"

接着，云层慢慢向两边散去，

露出澄澈的苍穹将大地笼罩。

大地向朗朗天宇显露自己的价值，

向上苍展示人类的奋斗以及人类的成就：

那是何等的辉煌与美好，何等的壮观与奇妙。

面对这至善至美的画面，我的心与灵魂激动地为之喝彩！①

---

① 此处节选自英国诗人罗伯特·勃朗宁的长诗《弗里什塔的幻想》，此处的"我"为长诗中的叙述者——弗里什塔。

【第四章】

交　友

与智者同行，自己也会变得充满智慧。

——所罗门箴言

与好人为伍，你自己也会成为一个好人。

——乔治·郝伯特①

人实际上并不与其他人亲密相处，但是人会在不知不觉间受到他人的熏染，比如手势、嗓音或风度。

——培根②

我的座右铭是：与比自己优秀的人为邻会让自己受益无穷，无论是学识方面，还是品德方面。

——萨克雷③

独自前行总比与窃贼搭伴要安全得多。卑鄙的人同样不能与之为伍，因为他会偷走你宝贵的时间，倘若他对你没有更深的恶意的话。

——斯宾塞④

无论是智慧的谈吐，还是愚蠢的举止，都像疾病一样，使人们相互传染。因此，人们一定要对自己的交往多加留意。

——莎士比亚

不要被假象蒙蔽。与恶人为友会腐蚀掉你的美德。

——圣保罗

---

① 乔治·郝伯特（1593～1633），英国诗人、牧师。

② 培　根（1561～1626），英国哲学家、小品文作家。

③ 萨克雷（1811～1863），英国小说家。

④ 斯宾塞（1820～1903），英国哲学家。

培根勋爵的著名散文《论友谊》，一开篇就引用了这样一句名言，"独处中感到快乐的人，不是野兽，就是上帝。"这句话大概是在转述亚里士多德在《政治学》中说过的话："不能与社会融合和对环境无所求，并在独处中获得满足的人，不属于这个国家，他要么就是一头野兽，要么就是一位神祇。"人从本性上来讲就具有社会性。独自生活不会是惬意的，至少，心智健康的人不会乐于孑然一身地生活。我们内心深处不可消除的本能会让我们寻找同类。嗜好独处的人，其内心一定具有某种不正常，甚至令人感到惊骇的心理因素。我们所担负的责任和与生俱来的天性就决定了我们必须与同胞共处。社会是我们履行道德责任的地方，社会为我们提供成长与完善的必要条件。只有在他人身上，人才会实现他自己。上帝说："要像爱自己那样爱你的邻人。"这句话并非不近情理的粗暴命令，而是在向人们指出，无论是对自己还是对邻人，人都担负着同样的责任。从某种意义上来说，这是理性与道德上的进步。我需要热爱邻居，同样，邻居也需要我对他的爱。有时，我们的确需要独处的机会，因为内心的一些感受消耗了我们的精力，让我们在与他人相处时感到痛苦，甚至根本无法与他人相处。巨大的悲伤、诱惑，甚至是喜悦，都会使心灵陷入孤独的状态。但是，这类的孤独必然是转瞬即逝的，而我们正常的生活状态离不开我们努力营建的人际关系与交往。基督从充满诱惑的山上走下来，也从悔过自新的山上走下来，为的是把他自己的生命与人类的生命交融在一起。三位一体的信仰表明了人们对于那种像神一样的绝对的孤独怀有本能的厌恶，就仿佛大自然所呈现出的多样性对于体现神的完美是必不可少的。耶稣在圣父与圣子的融合中看到了人类应该怎样相互融合。只有与同胞的生命结合起来，我们的生命才可能获得完满与健康。我们本能地寻求友谊，寻求友谊所带给我们的抚慰与帮助，这构成了我们平凡经历中的喜与乐。培根勋爵带着他一贯的睿智说道："把自己同朋友结合起来会带来两种截然不同的后果，即快乐会加倍，而悲伤则会减半。不与朋友分享，快乐不会增长；不让朋友分担，那么他的悲伤则难以减退。"德国有一条非常精辟的谚语——

Geteilte Freude, doppelte Freude;

Geteilter Schmerz, halber Schmerz.

可以把它翻译成：

"把快乐送给别人一半，快乐会翻倍；

　　　把悲伤分给别人一半，悲伤会减半。"

　　无一例外的是，快乐与悲伤都会激起向他人倾诉的欲望。

　　群体对我们的心情和性格发挥着巨大的无法言说的影响，这一点鲜明地体现出我们对社会的依赖。仿佛有一个引力把我们拉向群体，在这个引力的作用下，我们融入群体，并受到普遍情感的左右，甚至暂时失去了自己的个性。处在群体里，人们常常不会像独处时那样说话办事。多数人的举止言谈并非出于内心的真实想法，仅仅是随俗罢了。个体要么被众人抬举得超出他本人真正的高度，要么就被贬低得低于他真正的价值，这一切都取决于群体一时的情绪与判断。在相对狭小的交往范围里，情况也同样如此。人极少能够完全独立地做事，总是要受到周围人群的潜移默化，其言行也要受到环境的制约。但是，这里我要谈的并非是"人与社会的关系"这样泛泛的话题，而是更具体的，即人的交往。伙伴，从这个词的根意上来看，就是指和自己分享面包的人。前缀 con 的意思是"一起、共同"，"panis"的意思是"面包"。一个人的伙伴就是他所交往的人。这里，交往的密切程度是个非常重要的标准。人们常常要区分"伙伴"与"朋友"之间的区别：朋友是指自己能够向其敞开心扉并与之推心置腹的那个人，而伙伴则既包括朋友，又包括那些比较熟悉但是并非很亲密的人。的确存在着这样的差别。因为人可以有很多伙伴，却只能有少数几个朋友。

但是，我现在要讲的事情并不是要对朋友和伙伴加以区分，我请大家思考的是伙伴之间的影响与义务。我要讲的内容大致可以分为以下几点：

1. 朋友的影响。
2. 交友中的选择。

首先，大家必须明白，我们与之交谈、工作乃至共同生活的人，也就是我们周围的人，必然会对我们产生影响。有些人从人际交往中受到的影响比别人小，因为的确有些人的天性不太容易受到他人的影响。这倒不是说这些人就比别人高贵或者本性坚强，因为人虽然容易受到他人影响，但这并不妨碍他具有健全而自尊的个性。但是，我们要比自己所认为的更加容易受到他人的影响。生活的洪流不断冲击着我们，在我们的思想、习惯和品格上留下或好或坏的影响。多数人都属于自己生活于其中的那个年代。也就是说，多数人都与和自己同时代的人具有相似之处。常常会出现一些超越自己时代的人，他们甚至显露出未来年代的时代特征。这些人是预言家式的人物，比如伟大的思想家们：罗杰·培根、乔尔达诺·布鲁诺、伊弗雷姆·戈特赫德·莱辛，以及伟大的改革家威柯利夫、胡斯和萨伏那洛拉。但是绝大多数人都是自己所处的时代的产物，社会的同化力量要远远大于个体保持个性的力量。从一个人的交往圈子来看，人际交往对于品格具有非常显而易见的影响。英语有一句俗语："观其友，知其行。"我们的行为不断受到周围人际交往的深刻影响，我们无法回避这种影响。我们可以决定同好人交往还是同坏人交往，这样也就决定了我们将受到的影响是有益的还是有害的，但是我们却无法摆脱动态的环境。"不要被蒙蔽，"圣保罗说，"与坏人结交会腐蚀你的美德。"大家几乎都在用道德的眼光来审视自己选择的人际环境。这是问题的一个方面，而我们还应该看到另一个方面。如果跟坏人交往会腐蚀我们，那么跟好人交往就会净化并提高我们。我要大家牢牢记住的是：无论你同什么人交往，他们都必将对你的品格产生深刻的影响。不懂得这个道理，或者无视这个道理，定会招致严重的危害。不要觉得你可以和粗俗的家伙交往而自己却可以保持文雅。不要觉得你可以和思想龌龊的人长期交往而你却出淤泥而不染。拉瓦特[①] 曾说："从厨房走出来，身上就会带着油烟味；校园里的氛围始终体现在学生身上，和咬文嚼字的学究混在一起，也难免会变得干巴巴不通人情。"拉丁语里还有一句谚语："和瘸子一起生活，你也将一拐一拐地走。"

　　思想单纯的年轻人所犯的最严重的错误莫过于交错了朋友。由于容易被对方和蔼的外表所迷惑，以及对于这个世界怀有激情却又知之甚少，年轻人特别容易上当受骗，或者不太注重深入了解那些偶然认识的人究竟具有怎样的品格。没有哪个热血青年会头脑冷静地干坏事，或者明知对方不好也要照着学。很多人一遇到下流淫秽的事情就慌忙躲避，就连偶然地想起那些不诚实或可耻的念头，他们都觉得不可容忍。可是这些

---

① 拉瓦特（1741～1801），瑞士诗人。

人却草率地跟一些坏人交往，然后受到他们恶劣行为的影响。于是，很快地，本来非常敏锐的良知在不知不觉间变得迟钝了，纯洁的心灵沾染上了污点，美好的热情日见削弱，以至彻底熄灭。几年以后，他们甚至走上了犯罪道路。就在今晚，这座城市里，有很多年轻人，不久以前他们的心地还是一片纯洁，即便不懂得太深的道理，但凭着本能他们也愿意做个真诚高尚的人。可他们现在已经发生了可怕的改变。他们学会了好多不三不四的勾当。他们的谈吐油腔滑调，隐约透出一股猥琐的气息。他们学会了说脏话，学会了大摇大摆地走路。他们经常泡在酒吧里，轻车熟路地从后门溜进剧院，对那些可耻的地方可以说是已经熟门熟路了。有的人学会了欺骗洗衣女工和房东，还学会了从老板的收银机里偷钱。他们是一群轻薄浪荡的年轻人——的确非常轻薄浪荡——他们放荡堕落，无论是身心，还是品德都败坏至极。一次次，父亲颤抖着双唇，伤心欲绝地向神父倾诉，自己的儿子已经堕落到万劫不复的地步。而每一次他们的讲述都几乎大同小异，在解释儿子是如何学坏的时候总要说："他们结交了坏朋友。"就在今夜，这个城市里，那么多的年轻女子，尚未成熟，面颊苍白，脸上的神情简直就是耻辱与罪恶的招牌，她们的双脚朝着死亡迈去，"一步步地走在地狱的边缘上"。就在不久之前，她们中的一部分人还非常纯洁，心里充满了善良的热情。但是，她们散漫、任性，不知不觉就与那帮坏人搅到一起去了，受到他们的毒害。在坏人的影响下，一步步地走向毁灭。亲人们满怀痛苦和忧伤，眼睁睁地看着她们因为结交了坏人而身败名裂。在那些已经被社会唾弃的人当中，很少有人是独自走向毁灭的。坏人往往隐藏自己的丑恶嘴脸，用友谊乔装打扮自己，迷惑青年人，利用他们的单纯把他们引向歧途，让他们不断堕落，引诱他们犯罪，使他们最终走向灭亡。

你们可能一边听着我的话，一边在想，反正自己是安全的。请别忘了，无论你是多么态度坚定地要做个诚实纯洁的人，但是，如果你总是与坏人交往，你就是在让自己承受非常危险的考验。你选择了坏人，你就会被坏人包围，而他们必将把你变成和他们一模一样的人。

相反，如果说与坏人结交就会使人学坏，那么和好人交往就会使人变好。很多小孩子，非常不幸地出生在罪恶的环境里，由于遇到了好人而得到拯救。在不断受到文明、纯洁、诚实等美德的影响之后，他也渐渐形成了这样的品格，他生命就成为社会中一道美丽的风景，他的存在就成为大众的福祉。即便是那些恶习难改的人，在受到好人好事的深刻影响之后，有的也会痛改前非。倘若写一部人类家庭史，我们将看到无数的事例。比如，一个粗俗卑劣的丈夫是如何在圣洁崇高的妻子的影响下最终变成一个诚实善良的绅士。诚然，丁尼生在失望愤怒之中预言那个将自己抛弃的女人的命运时，激动地宣称：

丈夫什么样，你就会是个什么样；倘若嫁了小丑，你自己也将跟他一样粗鄙不堪。

　　但是，这句话反过来讲也是正确的—— 一个贤惠的妻子会使一个粗俗放荡的丈夫幡然悔悟。伟大的波斯诗人萨迪，曾经非常优美地描绘善对人产生的影响。"一天，"他说，"我正在洗澡，一个朋友往我手里放了一块散发着香味的东西。我拿起来，对着那东西说：'你是麝香呢，还是龙涎香？我被你的香味迷住了。'那个东西回答道：'我本是一块令人厌恶的黏土，但是我曾经和玫瑰待在一起，那些可爱的朋友把芳香的气味传给了我，否则我只不过是一块黏土罢了。'"一个人若是选择善良诚实的人作为朋友，他最终会变得跟那些朋友们一样。因为若与好人为友，人就会被激发出全部的高贵情感与纯洁的愿望，最终他会发掘出潜藏在内心里的道德力量，并成为与心目中的道德楷模同样美好的人。

　　教会可以成为青年人精神上的良师益友，并始终体现着基督的精神，所以对于青年人来说，一个人如果独自面对这个世界，孤独地企盼能够从同胞那里得到支持和鼓励，他的道德追求会被周围的邪恶力量消耗殆尽，诱惑会使他意志动摇，最终陷入罪恶的深渊。而志同道合的人在他身边联合起来，就能发挥出巨大的力量，使的信念由弱转强，使他持之以恒，直至美德变成习惯。志同道合的人们团结互爱，以共同的信仰为纽带建立起坚不可摧的友谊。

　　如果我们经常与之交往的人会对我们产生这么大的好作用或者坏作用，那么我们选择好人作为朋友就当然是非常重要的事情了，我们甚至还得选择最优秀的人作为朋友。人们的喜好有一个规律，正如大诗人赫利克所说：

> 性情相近者最为投合，同属一类者最为相爱。

我读到这样一些谚语："同属一族则亲密友爱，同属一类则赤诚相待"；"鸟儿不能离群"；"蝉喜欢蝉，蚂蚁喜欢蚂蚁，而鹰则最喜欢鹰"。我们可以看出英语里的那句古老的谚语，"羽毛相同的鸟亲密无间"就源于刚才的最后两句。无论从哪个角度讲，这些谚语都是无懈可击的。坏人就爱和坏人待在一块，轻浮的人就爱和轻浮的人扎堆，纯洁的人只能跟纯洁的人谈得拢。你会发现正直的人最不愿和浪荡子、赌棍们搅在一块，除非是由于某种无法推却的责任义务。同样，你还会发现内心邪恶的人也真的是不愿意和心灵虔诚高尚的人有什么交往，除非他怀揣某种目的想盘算点什么。倘若坏人在某个时刻真心真意地想跟好人交往，那么就在那个时刻他已经不是个纯粹的坏人了。

但是，有很多人尚且没有学坏，他们渴求着成为一个好人、诚实的人以及高尚的人。但是他们缺少训练有素的判断力以及坚强的意志品质。这些人面临的最大危险就是结交坏人。他们并非从本性里就喜欢结交坏人，但是他们也没有从一开始就下定决心要与好人为伍。不谙世事与头脑简单，使他们很轻易地就放弃理智，凭着冲动做事。欢乐总是能够撩动人的心思，有些人使坏事听起来合情合理，于是头脑简单的人就轻易地被哄骗了。摆脱道德戒律，似乎是一件无比自由的事，实在令他们羡慕不已。他们为环境所左右，很快就失去了原来的单纯，堕落的思想与行为慢慢成为习惯并日益加深。在年轻时候面临的抉择中，顶顶重要的就是交什么样的朋友，这个抉择正确与否往往会决定一生的成败。

现在请思考一下这个道理：是否让你的朋友给予你最有益处的帮助，这一切全凭你来决定。无论你的环境如何，你都可以争取到聪明高尚并且可爱的朋友，并保持与他们的交往。你可以拥有这样的朋友，以便使自己成为真诚、纯洁有价值的人，我懂得贫穷会给人带来多么大的阻碍，使人无缘结识比自己更出色的人，但是我觉得或许财富在这方面给人带来的阻碍更大。我认为，穷人在这方面的困扰要远远少于富人。出生并成长于富裕环境的人更加难以摆脱社会对他们的限制，他们在交友方面很难获得自由。但是很多在交友选择方面的障碍其实都是人们臆想出来的，这些障碍没什么不可克服的。在工作或学习中结交的人或许有一些是非常粗俗放荡的，但是无论是社会还是道德方面，没有哪项法律规定你必须在他们中间选择朋友或者伙伴。好人总是欢迎那些立意要当个好人的人。你不想结交的人，不会有谁逼着你结交。你心地磊落地想要结交某个人，也不会有人说你没那个权利。成为自己生活境遇的主人，这是你的职责，而决定自己的交往也同样是你的责任。这常常需要勇气，有时你必须有胆有识，有时你必须敢于独来独往。你绝不能害怕对某些人有所冒犯，倘若这冒犯是为了保障你自由交友的正当权利。在必要的情况下，你必须能够勇敢地对抗多数人，"拒绝顺大溜，不跟着大伙做坏事。"特别是如果你曾经被引入歧途犯下错误，心灵还带着伤疤，甚至那创伤还未曾痊愈，那么你就更加需要勇气。有一个人曾经大量吸食毒品，后来决心戒除毒瘾，而从前的朋友却要他继续跟他们吸毒，被他拒绝了。他们又催促他，但是他态度坚决地说："我是从火上撤下来的木板。"他们问他这话是什么意思，他回答道："听着。你们知道，木板和绿色的树枝是有区别的。这块木板尚未完全熄灭，只消一个火星溅到上面就会立刻燃烧起来。我跟你们说我是那个从火上撤离的木板，就是不敢再冒险接受诱惑，因为我担心会再次惹火自焚。"对于你曾经醉心于其中的嗜好而言，你就是那块木板。要小心，不要让你的友谊把火星带到你身上，使你再次引火烧身。如果你还年轻，或者你有纯洁的家庭庇护着你，也就是说，你还是个"绿色的树枝"，那么请记住，把自己变成木板可并不需要多长时间。"要尽全部努力不让心灵迷失，因为心灵的状态决定着你的生活状态。"机缘巧合就可以使人们结下多年的交情。如果不在意对方的人品，随处都可以交结到朋友，即便你不主动去找别人，别人也会来找你。如果你不疏远那些对你有所求的人，你就不会缺少他们这种朋友。但是你不能总是听凭别人的摆布，你应该主动为自己选择合适的朋友，你应该与这样的朋友互相帮助、分享快乐，建立亲密的友谊。要根据人们内在的道德素质来选择你的交往对象。很多人追捧富人，还有些人专门结交聪明人，因为他们觉得自己比较聪明，也有一些人仅仅因为对方体格健壮就着迷得不得了。你看，每个拳击手都有一堆崇拜者簇拥着。有些人光凭外表来衡量一个人的价值。斯宾塞在其著作《逸事》中谈到：有一天，大诗人蒲伯[①] 正和画家葛德弗雷·耐勒爵士待在一起，这时，耐勒的侄子，一个几内亚奴隶贩子，来到房间里。"侄儿啊，"葛德弗雷说，"你应该感到荣幸，因为你见到了两个全世界最伟大的人。""我不知道你们有多伟大，"这个几内亚人说，"但是我不喜欢你们的样子。我常常买到比你们强得多的奴隶，浑身的肌肉、健壮的骨骼，而且只需十个基尼。"凶残的人选择凶残的人做朋友。如果你选择了凶残的人做朋友，他们很快就会在你身上打下凶残的烙印。如果你自作多情地想，你多接触他们就会给他们带来好影响，那你就别再一厢情愿地做梦了，你还不如离他们远远的呢，这才是对他们好。这种人在非常偶然的情况下，也会做出一些颇有男子汉气概的举动，令人觉得他们也是有道德信念的。如果你的同伴用轻蔑的口吻谈论女性，嘲笑母亲的忠告，甚至蔑视宗教，那么一定要远离他们。无论他们的某些侧面怎样令你敬佩——机智、成就——这种人只会损害你。无论是从道德方面上讲，还是从理性的角度上讲，与优秀的人交往的确有很多好处。如果你常常与趣味高雅、谈吐不俗的人交谈，那么你也会在潜移默化中渐渐熏染上这种风度。深入地了解一个人就使你

---

① 蒲伯（1688～1744），英国诗人。

对这个世界多一分了解。选择那些能够提升自己的人进行交往吧。年轻人交友时要遵循的第一个原则就是，要尽量与那些在智力和教养方面高出自己的人交往。你若是个谦虚诚恳的人，那么好人带给你的影响就是你所渴望得到的，永远不会让你觉得厌恶。如果你想获得知识，那么就与那些比你有学识的人多多交谈；如果你想提高你的品位，那么就多接触一些受到过最良好教育和熏陶的人。如果你想获得美德，那就与拥有美德的人交往；比如凡纳林这样的人，因虔诚而散发出纯洁的魅力，从而征服了所有人。选择什么样的朋友，几乎永远取决于你自己。如果你无法按照自己的意愿选择朋友，那么还不如不跟任何人交往，这也好过跟那些降低你的道德境界的人交往。如果你处于极特殊的环境中，找不到可以与之交往的好人，那么就与自己为伴吧。诚恳的人不会孤单很久的，就像孔子说的：德不孤，必有邻。

我们需要不时地提醒自己：我们要对自己的交往负责任。我们有能力也有机会选择好人作为伙伴。如果我们选择了坏人并和他们保持来往，那就是我们自己的过错了。有很多人总是喜欢怨天尤人，为自己的失败寻找借口。如果他们抵抗不住诱惑，他们就责怪是那些坏朋友连累了自己。但是自己的所作所为总归是要有自己的一份责任在里面的，凭谁也推卸不了。人类的懦弱心理早在始祖亚当身上就已初见端倪，他说："是您送给我的女人诱惑了我。"用这种话为自己犯下的罪过开脱，简直毫无意义，因为这是在逃避事实。引诱他的人，撒旦也好，夏娃也好，都会受到相应的惩罚，但是那个被引诱的也得为罪行付出代价。有一个古老的传说，讲的是一个傻瓜和一个聪明人一起旅行的故事。他们来到一个岔路口上，看到其中的一条路宽阔而美丽，而另一条路狭窄而崎岖。傻瓜想走那条好走的路，聪明人却明白那条艰苦的路才是最短最安全的路。他把这个想法告诉了傻瓜，可是傻瓜一再坚持，聪明人终于放弃了自己原来的主张。于是，两个人走上了那条漂亮平坦的大路。刚上路没多久就遇上一伙强盗，不仅把东西全抢走了，还把这两个人给抓了起来。又过了没多久，这帮匪徒连同傻瓜和聪明人都被治安官逮捕了，并被带到法官的面前。聪明人辩解道，一切都是傻瓜的错，因为是傻瓜决意要走那条错误的路。傻瓜也辩解道，他只不过是个傻瓜，有点脑子的人都不会把他的话当回事。法官判决两个人都有错，并分别给了他们相应的惩罚。这个故事想要告诉我们的道理是非常清楚的："如果罪犯引诱你，你不要听从。"请相信，如果你接受罪犯的诱惑，那么我们最终的审判者是不会宣判你无罪的。你在一生中拥有多少自主决定的机会，你就要承担多重的责任。你不仅要为你的行为负责，还要为你的动机负责；不仅要为你自己的行动负责，还要为你所选择的人际交往的性质以及人际交往造成的结果负责。人们也往往以此为标准来考察一个人。社会将要求你对所交往的人负责，你申请求职的公司也会考察你交友的特点，并以此为重要依据，决定是否录用你。哈尔王子继位之后，必须除掉福斯塔夫①以及他手下那帮胡作非为的无赖。据说，古希腊哲学家毕达哥拉斯在录取学生之前，都要打听打听这个学生平素和什么人交往。学生若是与品行不端的人保持交往，那么这个学生不可能在他的教学中获得真知。现在的人并不比古代的人笨。如果你总是和那些品质败坏、放浪形骸的人交往，那你就不要奇怪为什么求贤若渴的人对你不理不睬。这个世界的主流观念非常推崇诚实正直的品质。人们一致认为，一个人若是与品德卑贱的人交往，那他自己的人格也定是可疑的。

当然，当有人向我们求助，如果我们也确有能力助其一臂之力，我们切不可傲然地拒人于千里之外。但是，我们有权利只选择那些值得信任、对我们产生良好影响并且不会损害我们声誉的人进行交往。我们有权利，不，我们是担负着最庄重的义务，也就是说，我们绝不能允许让自己跟污秽下流的人交往，结果破坏了思想的纯洁。这绝对不会削弱我们对同胞的真挚友爱。

我们应该与什么样的人交往，取决于我们生命中有什么样的追求，以及我们心里珍藏着什么样的高贵情感。斯蒂文森②在其《海德先生与杰奎尔博士》中揭示的真理令人颇为震惊。我们的天性在道德方面常常包含着令人吃惊的冲突和矛盾，但是小说家的表达实在是太夸张了，结果偏离了事实。每

① 福斯塔夫，莎士比亚历史剧中的反面人物。

② 斯蒂文森（1850～1894），苏格兰作家。

个人，从本质上来说，如果不是这样的人，就一定是那样的人。但是作用与反作用的现象总是发生在我们身上：一个人的品质如何，决定了他的朋友的品格，而朋友的品格又决定了他自己是个什么样的人。一旦选择了至高的善作为生命的目标，他就不会在迷途上走得太深太远；一旦体验到把神圣的耶稣·基督当作朋友会给自己带来怎样幸福宁静的感受，那么他就不可能与坏人长久地交往下去。上帝在他心中显现，守护着他的道德，绝对不会让他的心灵腐化堕落。于是，那些邪恶的人不能接近你，而你则成为值得大家热爱并信任的人。与上帝接近，这使你学会付出这世界上最美好的东西，也使你有资格享受这世界上最美好的东西，那就是——纯洁、永恒、慷慨、仁爱的友谊。

【第五章】

节 制

拥有智慧的人拥有力量。是的，知识会增进人的力量。

——所罗门箴言

人一旦沦为奴隶，他的价值就丧失了一半。

——《奥德修纪》

若想统帅别人，先要驾驭自己。

——马辛基尔[①]

有驾驭能力的人在一切事情上都能做到节制。

——圣·保罗

人的最高理想之一就是能够尽善尽美地控制自我。

——赫伯特·斯宾塞

牢牢锁住心里狂热躁动的激情，拘禁住四处奔突的欲望，征服你自己的内心，做你自己内心世界里的凯撒。

——托马斯·布朗爵士[②]

可以肯定，生活若失去节制，我们的欲念就会杂乱而膨胀，最终我们能够留住的，就只是虚妄的幻想。

——歌德[③]

[①] 马辛基尔（1583～1640），英国剧作家。

[②] 托马斯·布朗爵士（1605～1682），英国医生、作家。

[③] 歌德，原文为德语。

研究一下词语，是件既有趣又有益的事。因为词语不仅是承载思想的符号，也是人们所要表达思想的一部分，词语演变的历史就是人类思想与道德发展的历史。

　　很多人对"节制"这个词的理解是错误的，并经常把它用错了地方。因此，我们最好简单研究一下这个词，就算不能增加我们的物质财富，最起码也能消除我们对这个词的疑惧，或者还能纠正我们对这个词的误用。这个词是从拉丁语tempro转化而来的，它的意思是：（1）"按照恰当的比例分割"或者"按照恰当的比例混合"。这个用法出现在下面的句子里："他非常善于戒制自己。"如果莎士比亚用拉丁语而不是英语来写作的话，他会让马克·安东尼在评价布鲁特斯时，在那个华丽的段落里使用 tempero：

　　　　他的生命非常温和，所有的元素

在他身上完美地混合，连大自然都会

站起身，对全世界说："这才是一个男人！"

　　tempro 的意思还有：（2）"统治、管理、控制"；（3）"调整或者克制自我"；（4）分词形式时，就是"温和、清醒、冷静、平稳"。"节制"这个词通常是从希腊词 *ἐγκράτεια* 翻译而来的。这个词是由 *ἐν* 和 *κράτος* 构成，前者的意思是"在……之中"，后者的意思是"力量"。用于描述人的时候，这个词表达的概念是一个人所具有的力量或者能力，因此这个词也表达"道德力量"这个概念，也就是自我驾驭，或者自我控制。

　　人们大多认为，节制就是滴酒不沾。一个人哪怕在很多方面都放纵无度，只要他从不饮酒，大家就觉得他是个懂得节制的人。人们觉得滴酒不沾就是节制，只要饮酒，不管饮酒的程度如何，就是放纵。其实，人们理解错了节制的真正含义，忘记了这样一个道理，即任何形式的放纵都是失去节制的表现。人们看到无节制地纵酒往往造成严重的恶果，所以就把节制这个词的含义限定在饮酒方面，这倒是情有可原。但是我们倘若弄清楚了这个词的真正含义，这该是一件大有益处的事。那些神经具有刺激作用的物品，只要使用过度就是放纵，无论量多量少。过度与否，不仅要看使用的量，还要看人对于这种刺激物的敏感程度。在面对上帝与社会时，人应该具有一定的责任感，人的身心应该始终保持一种平稳冷静的状态。倘若使用某种刺激性物品，扰乱了神经系统，从而破坏了身心的平衡，那么我们说这种行为就是放纵。从另一个方面讲，使用的量少也并非就一定等于节制。换句话说，人不能为了培养节制的精神就必须少量地饮酒。节制是一种自我控制，虽饮酒却并不沉迷，这样的人才是真正有节制的人。相反，偶尔才少饮一点酒的人反倒有可能是个无节制的人。对于许多人来讲，任何一种沉迷都是一种无节制的表现；对于任何人来说，无视身心健康，甚至威胁到邻里安宁的做法都是放纵的表现。如果一个人已经养成了嗜酒的毛病或者先天就有嗜酒的遗传，那么他就应该滴酒不沾以免让不良嗜好重新发作，否则就是在放纵自己。对于一部分人来说，彻底戒酒是唯一安全、唯一正确，也是唯一可行的自我节制的办法。

不要忘记，一个行为的罪恶本质不仅仅存在于动机之中，而且还存在于这个行为的后果之中。人们在探讨节制这个问题时常常忘掉这个基本的道德原则。经验表明，酒精能够比其他任何物理手段更迅速地破坏掉人的自制力。生理方面的放纵，尽管罪过已经不小，但是依然无法与道德上的放纵相提并论。失去理性的自控，犯罪就不可避免，而醉心于放纵，必然丧失冷静地自控，但是问题还不仅限于此。被感官的欲望所征服，最终会使人失去做人的气概。经常酩酊大醉的人已经无力控制自己的本性，任由自己变成傻瓜或是野兽，他被欲望驱使着很快沦落至卑贱甚至愚蠢的境地。懂得节制的人总是牢牢掌握着驾驭自我的缰绳，任何腐蚀自己理智与道德自由的东西稍有来犯，立即抵制回去。他决不会背叛上帝所赋予的神圣而独立的自我。

节制的含义还远不止于此。除了纵酒无度之外，任何形式的放纵都是与节制相对立的。实际上，节制不仅关系到一个人所做的事情，还关系到这个人本身。节制的精神反对任何方面的无节制行为——吃、喝、工作、玩乐、讲话以及思考。节制有时与适中相混淆，但是适中只是节制的结果。也就是说，适中是自我控制的结果。因为节制并非指行为，而指人，所以节制是人的一种品德素养。其最高境界只能体现在善良的人身上，懂得节制的人不会犯罪。有的人所犯的罪比起别人的要小一些，但是所有的罪都是放纵的表现。所谓犯罪就是越过了正当行为的界限。只有当人们能够完全克制自己，不放任任何错误的行为或冲动时，人们的自制力才算得上是完满。

节制，就是自我控制，就是人在身体、思想、道德方面的自我驾驭与掌控。正是因为有了这样的品质与力量，人才能够抵制住诱惑。要知道，人有头脑、有道德、有人格，它是由上帝创造出来的生灵，是上帝的孩子。节制的精神可以生发出很多美德。霍尔主教说："美德像珍珠，自制力就是把珍珠串联起来的丝绳。"节制使人拥有平衡的人格，使行为符合高尚的准则；节制是一种力量，控制着人们的想象、情感与意志，使人类的这些活动不至于混乱而矛盾。节制的精神首先从知识中获得。苏格拉底说："知识与节制（在希腊文中）没有分别。一个人懂得了什么是好的，就尽力去做，懂得了什么是不好的，就竭力回避，这个人就是有知识并有自制力的。但是，倘若他明知应该做什么，却依然做那些不该做的事，那么他就是个无知的蠢人。"塞涅卡[①] 是个伟大的斯多葛派哲学家，但是行为却自相矛盾，令人颇感遗憾。他虽不能身体力行，但是他的话却揭示了什么才是真正的节制。他说："我会小心，绝不成为自己的奴隶，因为这将是最难以摆脱、最可耻，也最沉重的奴役。"与塞涅卡同时代的圣保罗不仅倡导节制的精神，而且率先垂范地实践了，在写给科林斯人的信里，他提醒科林斯人，在竞技中为了奖励而拼搏的人是充满自制精神的。这个例子很平凡，但是非常生动鲜明，富于启迪：拳击手与赛跑者，为了能够参加比赛，必须一丝不苟地依照相关规定来训练自己的身体，使自己的身体素质符合规定的要求。他必须严格控制自己的生活习惯，包括饮食、睡眠、休息与锻炼；他还必须控制好自己的各种情绪，因为他不仅要拥有强健的身体，还要拥有机敏的头脑、果敢的勇气和顽强的精神，所有这些品质在竞技场上都是必需的。缺少任何一种品质都会导致最终的失败。就像希腊人说的那样，人生就是一场竞技，一次角逐。人生既需要道德准则，也需要如同运动员一般的自我克制。

我们来到这个世界上，就是为了升华我们的品格。我们必须克服那些包围着我们的各种阻力，然后才能成为真正的人。我们自身有弱点，只有通过坚忍的克制才能消除掉。我们

① 塞涅卡（公元前 4~公元 65），古罗马哲学家、戏剧家、政治家。

的身体有各种欲望，倘若控制得当，可以使我们从中获得快乐，而且还有利于我们的安康。但是，倘若让这些欲望控制了我们，我们将被绑缚上沉重的锁链，渐渐堕落直至毁灭。我们有头脑和心灵，倘若按照道德律令来管束并训练它们，就会使我们获得力量并变得伟岸。但是，倘若放任自流，它们就会成为恶念的源泉和作恶的工具。"我们应该生活在精神之中"，也就是说，精神的天赋优越于肉体的能力，精神的趣味至高无上。肉体要听凭我们的安排，而不是我们成为肉体的仆人；我们本性中的一切情感与欲望都要接受高尚意志的控制，从而帮助我们构筑最美好的生活。从最高的意义上来说，节制是一个神圣的行为，意味着由我们自己来管理我们的一切本性，包括身体、思想和精神，最终要让我们的本性符合上帝的意志。

真正的自我克制包括：（1）控制肉体的欲望。对于高尚的生活而言，这样的克制是非常必要的。那些按照道德准则来生活的人一定具有某种程度的禁欲主义精神的因素和力量。"对我而言，一切都是合理的，"圣保罗说："但是我不会被外物所掌控。"真正善于克制的人，经过长时间的锻炼，控制自我已经成为一件非常轻松且必要的事了。深入思考并考察生活的各个侧面，你就会看到很多因放纵欲望而遭毁灭的前车之鉴。我们必须给本性中的欲望套上绳索，否则它就会变成魔怪或暴君。不仅如此，即便是后天形成的欲望也得套上绳索，因为后天的欲望就像弗兰肯斯坦①一样，渐渐拥有了独立的生命与力量，然后转过身来对付那个给予自己生命的人，并毫不留情地折磨他。

对杯中物的贪婪，即便在某些情况下不完全是因为后天的堕落，也是相当的败坏、放纵，这种贪欲就是个不折不扣的妖魔和暴君。彻底沦为杯中物的俘虏是世界上最可悲的事情，这种人将退化成半兽半魔。人类的理性就变成了醉酒时无端地哭笑、疯疯傻傻，甚至狂躁粗暴胡闹。看看整天泡在酒里的醉鬼们，不用他们说话，从那副样子里，我们就能看出他们堕落得有多深。看看那些无力驾驭自己的人！肉体已然成为主人，精神在感官的享乐中窒息而亡，心智瘫软无力，被一个残暴疯狂的暴君牢牢压制着。

年轻人啊，远离杯中物吧！这不仅因为饮酒是桩罪过，更因为放纵会产生贪欲，从而玷污你的品行，而这又是一桩多么可耻的罪过。或许，嗜酒的习性是从父母那里遗传而来的，但是你无节制地纵酒，唤醒并滋养了这个沉睡在你体内的习性，任由它成为可怕的力量，从头到脚地绑缚着你。但是还有另外一些欲望，与嗜酒一样对人身心有害，容易击垮人的意志。嗜酒贪杯之所以显得格外罪过深重，是因为酒能够迅速瓦解一个人的自制力并腐蚀他的道德品质。但是一切贪欲，无论是先天就有的还是后天形成的，之所以能够存在，大多是因为

─────────

① 弗兰肯斯坦，一本科幻小说里的主人公，是一位科学家在实验室里制造出来的怪物，它最后杀死了那个创造出自己的科学家。

第五章

节制

我们自身存在缺陷和错误。因此，所有贪欲都应该在理智、良知和意志的指挥之下。欲望没有支配我们的资格。尽早解决好这个问题吧，你究竟让哪一个来做你的主人？是你的身体还是你自己。解决这个问题并非如你料想的那样简单，因为你天性中的每一种力量都蠢蠢欲动，使你面临极大的困扰。你只有心甘情愿地把自己交付给一个崇高的道德目标，才能最终解决这个问题。但是，如果这个问题得不到解决，你就不可能拥有自我克制的力量。只有解决了这个问题，你才能获得生命中真实而永恒的成就。不要仇视你的肉体，而是要奖励它、滋养它、锻炼它，同时也要控制它。它就像火，既是个好帮手，又是个能毁掉一切的暴君。

（2）自我控制还包括对人的性情和天赋的磨砺。每一项工作中的技巧都是人们通过自制力磨炼出来的。人掌握一种能力，并不断磨炼这种能力，最终使这种能力达到期望的水平。身体就像一部机器，只要好好控制它，它的手才能按照你的意志来使用工具，并进行生产劳动。同样的工具，倘若是在缺乏自制力的人手里，就会变得毫无用处，甚至有可能造成危险。正是这种对身体的控制才使得造诣颇深的音乐家能够把心中的乐曲准确而富于感情地弹奏出来。任何一种技艺都是经过磨砺肢体的能力才得以形成的。因此，人若想有所作为，就一定要有自控能力。自控能力就好比是一位将军，他能够把乌合之众训练成纪律严明的军队。很多人白白花费很多努力，毫无成效，就是因为他们不会控制自己。他们的能力没有经过磨炼，他们没有专长，他们不考虑方法，更不懂得克制。教育的最终目的就是使人得到训练，从而获得控制自己心智的能力。没有这样的能力，人就不会进行深刻而精辟的思考。

性情与天赋一样，都必须用秩序来加以规范。良好品格所包含的最重要的素质就是控制情绪的能力——控制感情与性情的能力。很多人在情感方面不懂得节制，他们的情感总是大起大落。所谓感情汹涌，其实就是没有节制，情绪反复无常，或者对卑劣阴暗的情绪放任自流，这也是一种放纵的表现。还有一种放纵，其表现是无节制的大喜大悲。"傻瓜笑起来，就像柴火扔到了炉灶里，噼噼啪啪地停不下来。"可是快乐的傻瓜总比忧郁的傻瓜要强。诚然，我们的情绪受环境的影响很大，这也是不可避免的。但是，一个懂得节制的人不会被情绪所控制，不会放纵自己的情绪。他用坚定的意志战胜低落的情绪，不会让一时的激动扰乱了内心的平衡。情绪应该服从于理性与良知。有太多人做了错事之后，辩解说自己是一时情绪失控。但是，人应该是自己的君主，他应该能够驾驭自己的情绪，应该用情感中的炽热与能量来做好事而不是做坏事。斯蒂芬·吉拉德[1] 特别乐于录用脾气不那么温和的职员，因为他相信这样的人只要加以适当的控制，他们就会成为最优秀的职员。情绪是一种力量，只要调控得好，就会在工作中产生巨大的能量，就像发动机里的热量被转化成驱动工业与商业的力

---

[1]　斯蒂芬·吉拉德（1750～1831），美国金融家。

量。克伦威尔、威廉一世^①、华盛顿，以及威灵顿，他们都是脾气很大的人，但是他们也是自控能力近于完美的人。莫特利先生^②告诉我们，威廉一世的朋友如此形容他的坚定："如大海里的岩石，在滔天怒浪之中依然安稳而镇静。"那则妇孺皆知的谚语说得多么淋漓透彻："不易动怒要好过力大无比，征服内心强于占领城市。"

还有一种放纵，青年人很容易就沉迷其中：那就是耽于幻想或想象。想象是最宝贵的天赋，但是很容易使人们沉迷于其中不能自拔。如果想象的内容非常纯洁高尚，带着强烈的真理与正义的色彩，那么想象就会使生命更加荣耀。如果想象的内容肮脏污秽，不受良知的制约，那么想象就会使灵魂迷乱颠倒、病入膏肓。倘若没有理性与道德观念的制约，想象就会吸干你最精华的能量，使头脑变得空洞枯竭。想象往往为生活编织假象，从而损害人们的判断力；想象为罪恶描绘肮脏的图画，并把这图画装裱得富丽堂皇、闪耀夺目，从而使心灵走向堕落。当想象为欲望服务的时候，想象就变成了"供魔鬼取乐的妓女"。很多人毁掉了自己的一生，原因再清楚不过，那就是无节制的幻想导致道德的堕落。起初，人们只是幻想自己做出一些平日根本不敢做出的举动。但是经过一段过程，想象中的事就变成了事实。有多少人在心里暗暗憧憬过放纵淫乐的

---

① 威廉一世（1533～1584），16世纪尼德兰资产阶级革命领导人。

② 莫特利（1814～1817），美国历史学家、外交官。

情景！我告诉你们，年轻人，最大的危险莫过于听任污秽的幻想，毫无拘束地疯长。但凡有着良好的自制力的人都要严格管束自己，不会听凭这杂乱而危险的幻想泛滥，而是让幻想像行为那样严格遵守良知的律令。"让想象力保持清醒，"霍桑①说，"这是进入天堂的最重要的条件。"歌德写道："世上最可怕的事情莫过于想象力高超而趣味恶劣低下。"换句话说，就是"高尚的趣味是思想的良心，而良心又是心灵的高尚趣味"。

（3）自我克制也包括对行为的约束。与克制欲望和激情同样重要的，就是在言谈与工作中的自我克制。语言与工作，是自我表达的最普遍的方式。我们通过自己的言谈和行动来塑造自己的形象。肆意言谈是一桩常见的罪过，是人们所犯的严重过错中最频繁的一个。在人类社会中，语言就是力量。一位圣徒曾说道："敏于听闻，讷于言辞，缓于嗔怒。"草率鲁莽的言谈最能给人带来祸患。比起抢劫纵火，蜚短流长和造谣诽谤具有更大的破坏力。圣人詹姆斯如此形容不受管束的舌头："一个无法无天的魔鬼，浑身浸透了致命的毒药。"一个不负责任、四处饶舌的人可以让家庭、教团、群体分崩离析。闲言恶语可以使朋友分道扬镳甚至反目成仇。管束好自己的言谈对人的一生有重要影响。圣人詹姆斯说："很多情况下我们难免会对人有所冒犯。如果有人从不在言语上冒犯别人，那么这个人定是个完美的人，他一定能够管束好自己的一切。"他的意思

---

① 霍桑（1804～1864），美国小说家。

大概就是，能在言谈上做到克制的人一定掌握了某种诀窍，他一定能够在所有事情上都做到克制。饮酒无度的人首先伤害到的是他自己，而肆意言谈的人伤害最深的却是身边的人。

无节制地工作也是一桩常见的罪过，而在我们这个时代、国家里，这种情形尤为普遍。虽然比起言谈随意，这并不那么可鄙、那么卑劣，但是这依然是一项罪过，具有相当的危害性。很多人并不是工作的主人，反而让工作成为自己的主人。这种人不是在生活，而是在枯燥乏味的工作中苦熬时日，完全没有自由可言。工作、工作、工作，这就是他们生活的全部。他们使家庭失去了情感上的沟通，而这恰恰是任何巨额财富也抵不上的。他们的每一天都过得逼仄狭窄，没有歌声，也没有美感。他们整天埋头苦干，但是他们创造的价值有一多半被毁掉了，因为他们没能在工作中获得更加精致的情感和宽广的视野。人若是因为狂热地工作而失去了宽广博大的情怀，那么社会将蒙受苦难，宗教将受到动摇，国家也将为此付出代价。工作本身并不是目的，而是实现目的的手段。把生活变成毫无诗意的苦役，让生活充满辛苦和折磨，这是对人类本性的扭曲。如果以牺牲全部生活为代价换取所谓的财富，按照最常见的理解，就是多攒钱，那可是最不划算的事情。我知道，很多人对这个道理充耳不闻。拜金的想法像魔咒一样附在这些人的身上。人们什么时候才能不再为了工作而活着，而是为了更好地活着才去工作？这样的日子恐怕依然遥远。但是事实比一切说教都更有说服力。很多生命，在最鼎盛的时期尚未到来的时候，就未老先衰，过早夭折了。神经衰弱、心脏衰竭，甚至自杀，这些现象都比任何说教都更加发人深省。

以上都是对大家生活实践提出的建议，其中不乏一些真知灼见，现在我再给大家简要地概述一下。娱乐要有所节制，在生活的繁忙之余，让娱乐恢复自己的精力和体力。严格控制自己的欲望，让灵魂主宰你的肉体。要节制你的情感，但不要用痛苦折磨自己。虽然高尚的品格需要强烈的情感来支撑，但是我们依然要用理智和良知来驾驭它。不要压制激情和想象，但是也不要让激情和想象偏离高尚的宗旨。

言谈上要有所节制，不要对他人妄下断语。管好自己的嘴巴，时刻都要严谨周密，不能随心所欲。工作也要有所节制。我们固然应该竭尽全力地工作，投入全部热情和能量，但一定不要被工作捆绑，沦为工作的奴隶。总之，我们应该成为有自制力的人，耐心而坚强的人，能够驾驭情绪、节制言谈，永远做工作的主人。用托马斯·布朗的话来说，就是：做你自己内心里的凯撒。

记住，一切行为皆源自内心，"心，是生活开始的地方。"一切行为的主导，即思想和动机，皆源自内心。如果人能够管理好内心的王国，那么他的一切行为都将是高尚而美好的。

面对那些邪恶的事情，我们一定要控制好自我，这样我们的自制力就会得到增强。至于那些光明正大的事情，我们也同样应该善于自我克制，以便做到收放有度。这样，我们就会身心和谐并拥有平衡的人格。有了自制力，我们才能够在娱乐中体会到真正的乐趣，才能高效率地工作，才能在身处逆境时充满耐心和机智，才能在获得成功时享受到纯净的快乐。

这就是节制，如果你已经具有这种节制的精神，那么你永远不会成为欲望的奴隶，永远不会受到欲望的束缚。你可以充分发挥你的聪明才智。你的心将不会受到阴郁心情的压抑，不会让愚蠢且不健康的幻想支配你的行动。你会在上帝和世人面前体验到身心合一的满足感，沉静而美好。你将如同莎士比亚所描绘的那样，体验到：

　　　　一种超越于一切世俗尊严之上的平静，
　　　　获得良心的安宁。

的确，就如弥尔顿曾经说过的那样：

　　　　内心充满光明的人，
　　　　胸襟坦荡，乾坤朗朗。
　　　　若心地阴暗、思想龌龊，
　　　　即便走在晌午的日光下，
　　　　也觉得到处黑暗不见光明，
　　　　他自己就是自己的监牢。

如何才能获得我所说的自制力呢？答案一定非常简单，而且不会太长。获得自制力的诀窍就在于：端正思想、磨炼意志，以及开拓我们的精神世界。对于社会和家庭向你们提出的要求和规定要深刻理解，认真照做，若没有非常充分的理由，不要草率拒绝。很多年轻人迫不及待地想凡事自己做主，而家长或监护人的管教又常常令他们感到絮烦，于是他们渴望独立掌握人生的那一天。但是普遍的情况是，如赫尔所说，"越是急于获得独立的人，在外界的压力消失了之后，就越容易沦为自己的奴隶——他的主人就是青年时代的狂躁的激情、轻率、固执、任性而且暴躁。如果一个人真的成为自己的主人，那么他要对自己做的第一个决断就是让自己接受上帝的统治，听从智者的指导。"只有学会服从的人才适合也才有能力负责指挥。

请主动做一些艰巨而高尚的事情，用你的敏捷机智和不屈不饶的勇气来锤炼你的意志，在家庭和学校中的日常生活中养成克制自己的习惯。生活就是一次道德训练，在点点滴滴的实践中让你心中的道德力量变得更加坚定强大，所以请积极接受伟大的任务，把自己锤炼成一个纯洁、正直、慷慨的人。你们推崇男子汉气概，你们相信美德，你们渴望在生活的竞技场上有出色的表现，那么请主动接受那唯一的、最高的主宰，因为他会教给你如何过上高尚的生活；因为并非单凭这良好的意愿和坚定决心你就可以学会自如地驾驭自己，你还需要信仰、爱以及热情带给你灵感；找到了通往自由与力量的道路。诗人丁尼生曾如此激动地表达他的信念：

　　　　强大的上帝之子，永恒的爱，

虽不能目睹您的仪容，

我们依然摒除一切杂念，

用信仰将您拥抱，

我们坚信您的真理，

即便我们永远不能证明。

……

我们的意志在我们心里，

我们不知如何驾驭，

把我们的意志交到您的手里，

我们就从此拥有了自己的意志。

通过信仰与爱，把自己交给上帝，从此你便有可能真正地驾驭自己。从最深层的意义上来说，热爱道德的人必定是信仰宗教的人。我们的美德，要想经受得住生活中风霜雨雪的考验，节制是一种美德，它并非仅仅给你带来一些实际的好处，它还能带给你力量和完善的人格，而完善的人格与坚定的信仰一样，能够使你最终超越生与死，并战胜尘世中一切痛苦与不幸。

【第六章】

负债

若是有欠的钱要在复活节还，那么整个大斋期就不得消停了。

——富兰克林①

债务就像陷阱，掉进去容易，爬出来却难。

——亨利·维勒·肖②

倘若一个人总是拿不出钱还债，那么他一定是拥有了太多别的东西。

——J. L. 巴斯夫德③

额头上淌着诚实的汗，尽其所能用劳动把钱换。面对世界他目光坦然，因为谁也不会催他付账单。

——朗费罗④

你的手若有行善的力量，不可推辞，就当向那应得的人施行。

——所罗门箴言

不要欠别人的钱，要爱别人；爱别人就是实践了良好的行为准则。

——圣保罗

---

① 富兰克林，大斋期在复活节前，共40天。

② 亨利·维勒·肖（1818 ~ 1885），美国幽默家。

③ J. L. 巴斯夫德，美国著名学者。

④ 朗费罗（1807 ~ 1882），美国诗人。

"负债"这个词源于盎格鲁·撒克逊语，是动词"拥有"的原型。古英语中负债的使用方法与我们现在的"拥有"一词是一样的。例如，在莎士比亚的作品中：

　　　　你来此篡夺，

　　　　你并不拥有的名位。

　　在古英语中，负债这个词经过简化之后，其词义渐渐演化成"为了别人而拥有某样东西"。所以到现在，我们说"欠某样东西"就是指那样东西属于别人，而拥有某样东西则是拥有一份财产。负债的意思是欠别人的东西，也就是说，凭着信誉，拥有或持有别人的东西，而我们必须为这样东西有所付出。所以说，债务与职责是同源词，因为职责的意思是"到了期限的债务"。换句话说，这也是一种债务。

　　为了让大家更加清楚债务这个词究竟有怎样的含义，我详细地研究了几个词汇。这个词分量很重，表示道德、义务，并暗指道德律令。但是对于良知来说，根本就不存在债务这个词。而对于道德律令来讲，则根本就不存在良知。对于上帝来说，就根本没有道德律令这回事。很多极普通的词汇，比如债务这个词，都深深地扎根于道德生活中，从另外一个角度来讲，很多词汇无意中证明了人类的情欲与自私、无知与奸诈、堕落与邪恶。

　　"你将因你的言语而受到奖励，你将因你的言语而受到惩罚。"很多人觉得这句话有些夸张，而且还不太合情理。但是耶稣的这句话却包含了最深刻的洞见，可以找到最理性、最有说服力的依据。人们平时的谈吐能够表现出各自的道德品质，而一个民族也用自己的语言书写着自己的道德历史。说出一个词语不过就是空气的片刻震动罢了，不过就是发出一个声音，或者在纸上写下一个符号，但是词语却可以像刀一样伤人，也可以像药膏一样抚平伤口；词语可以闪烁着真理与爱的光芒，也可以燃烧着情欲与仇恨的火焰；词语可以表达美德与信仰，也可以饱含已经习惯成自然的邪恶。

　　　　语言充满力量，语言充满生命，
　　　　语言是咬人的毒蛇，
　　　　也是善良的天使，
　　　　用翅膀为我们播撒下天堂里的光明；

每个词语都用自己的魂灵，

正确的或者错误的，永远不会死去；

人们从嘴唇中吐出的每一个词，

都会从上帝的天空中获得回应。

　　首先，债务这个词有一个人尽皆知的具体含义。在普遍的用法中，这个词的意思是，我们所从别人那里接受的，并且按照公平原则我们有义务偿还的钱财、利益或者服务。这是从经济学角度讲的。债务这个词也有现实伦理方面的意义，因为道德方面的含义是这个词最基本的意义。如果人们没有道德感，那么这个词压根就不会存在。对于兽类，这个词是不可想象的。债务的确是一种道德义务，但是当人作为社会成员并在法律允许的范围内与他人保持一定联系时，人们的所谓债务有时并不是真正意义上的债务。通过不正当、不诚实的手段，人们狡诈地滥用权力，从而互相制约利用，并向对方提出不合理的要求，而他们又能够寻找到法律条文来支持这些要求。因此，债务可以分为以下三种不同类型：

　　（1）法律上需要偿付而道义上无需偿付的债务。

　　（2）道义上必须偿付而法律上无需偿付的债务。

　　（3）无论从道义上还是从法律上都必须偿付的债务。

　　第一种债务，法律上需要偿还，但是道义上无需偿还的债务，其实并非真正的债务。因为这种债务并非意味着职责。背负上这种债务的人其实是不幸的人，是由于粗心大意，甚至自私自利造成的后果。偿还这种债务的责任并非来自债务本身，而是出于维护法律的需要。尽管有时法律因为自身的缺陷而并非绝对公平，可是我们为了更高的正义，为了维持有条不紊的秩序，或者为了在道义上赢得其他的东西，我们不得不放弃当下的某种权利。

像这样的，仅仅是法律意义上的而并非是道义上的债务，我们只能视具体情况的不同而区别对待了。遇到这样的情况，一定要谨慎小心，尽量不要背上这样的债务才好。

有一种债务是我所不愿启齿的，但是道德导师却必须要注意。我指的是那种无论从智力上，还是从道德上都不能为自己的处境负责的情况，比如在醉酒、打赌或赌博的时候背负的债务。法律认为，这种情况缺少必要的强制性因素，并且法律法规在很大程度上保护那些犯了错或者犯了罪的人，但是负债的人所担负的道义上的责任并不能总是通过法律程序来裁决。有两三件事情是非常简单明了的：醉酒固然是不对的，赌博也是不对的，但是债主利用别人的弱点或无知，哪怕是凭着手气，使别人背上债务，从道义上来讲没有权利让对方还债。但是那个因为酗酒或赌博而给自己压上债务的人必须好好想想这个问题，这个法律上并不生效的债务是否应该偿还，因为这可以算是对他不道德行为的一种惩罚，这样他就可以永远地吸取这个教训，牢记做人的原则。这样一来，如果他就不会重蹈覆辙，那么给他来点这样的教训倒是非常值得的。当然，谁也不应该放纵到不能为自己的行为负责的程度，但是谁也没有权利给别人套上这样的债务，也没有权利催逼对方还清这样的债务。因为这种债务关系不是建立在价值或者服务对等互换的基础上。在赌博中，并没有什么价值是可以对等交换的。有着良好荣誉感的人绝不会参与赌博，因为这种事情实在太低级。如果我们文明程度更高些的话，我们应该像废止决斗那样废止赌博，这种虚假的债务根本就不会出现在任何道德讨论之中。

至于第二种债务，即道义上成立但是法律上并不成立的债务，健全的判断力与良知不会允许我们有任何不一致的观点。债务就是义务，法律不能制造或者剥夺义务，法律仅仅是规定了某些义务，况且法律不可能做到样样周全。你欠对方的东西，对方有权利获得。一方担负义务，就意味着另一方拥有权利。在真正的债务关系中，最重要的因素不是法律而是道义。有很多人对于债务中的伦理道德怀有错误认识。没有法律限定的债务常常令人充满疑虑。就像很多人认为，誓言比简单的承认更令人无法推卸，做伪证要比愤怒的时候撒谎堕落几百倍。因此，有些人认为，欠债还钱这个道理最重要的根据在于法律中的规定。结果就是人们常常钻法律的空子逃避债务，或者因为没有强制他们还债的力量就干脆拒绝还债。这种行为简直是卑劣至极。

一个人可能由于遭遇到了不可预见也不可抗拒的不幸从而没有能力偿还债务，或者在某种情况下，仁慈而英明的法律介入进来使他不至于陷入赤贫从而走投无路。但是无论法律如何规定，负债的人在道义上终归担负着不可推卸的义务。并且，如果这个人真的品格端正的话，那么什么事情也不能阻挡他完成自己的义务。

有很多人拿债务并不当回事，就好像身负债务只不过是小事一桩而已。很多人借债的时候毫不犹豫，可是心里却从没打算过什么时候把债还上。当然，他们也不屑于去行窃。可是，要区分一个欠债的人和一个小偷就需要非常高超的诡辩术才行。

一桩真正的债务总是会涉及道义方面的义务。在良心面前，这项义务是否有法律的支持其实是一件无足轻重的小事。

有一个道理是所有人都必须明白的，那就是欠债必须偿还。道理虽简单，但是对有些人来说，即便宗教信仰也难以让他们明白这个道理。债主可以同情你，并解除你的债务，但是拒绝还债却是一项罪行。道德上的义务是天地间最难以消除、最弥久不散的事情。你拒绝偿还的债务具有一种道德力量，无论时间如何消逝，世事怎样变幻，这个道德力量都会永恒不变地存在下去。这个力量会像一个永远去除不掉的魔咒一样时刻附着在你身上。人的一生，从生到死，都逃离不了道德义务这个范畴。无论怎样巧妙地诡辩也开脱不了本应承担的责任。无论环境怎样变化，道德律令永远都是严肃且严厉的。

民法的规定，无论是否被援引到债务中，都不能改变一项债务的基本性质。无论国家的法令是否做了相关的规定，正确的就是正确的，合理的就是合理的。

做了这么多伦理道德方面的铺垫，我想现在应该给大家一些具有实际意义的建议了，让大家懂得应该把还债当作一项义务。欠钱还钱，欠情还情。

第一，人根本不必绝对避免欠债。有的时候，人必须要赊欠。人与人在经济上的关系就是这样，某种形式的赊欠是正当而且必不可少的。圣保罗曾在信里这样教导罗马信众："不要欠人东西，但是要与人相爱。"这些话并非是一道命令，要人们时刻遵守，永远都避免借债。这些话的意思仅仅是要人们欠了债一定要偿还。人不应该永远都欠债，而是应该诚实地相互履行责任。但是圣徒的话还有另外一层意思，它已经不适用于我们现在的生活状态了。历史告诉我们，基督的使徒们早已或者很快就会处于不断的危险之中，或者是死亡、洗劫。尼禄[①] 是当时的皇帝，时局非常动荡混乱。基督徒就像一只落入狼群中的羊，整个世界都充满了敌意。当时的习俗和法令，无论是民间方面还是社会体制方面，都在强烈反对基督徒的生活理想。当时的基督徒时刻处于紧张状态，时刻准备着赴汤蹈火，应对一切危机。"手足同胞们，我要告诉大家，时间不会让这样的状况持续下去的：有妻子的就像没有妻子，哭泣的仿佛并没有哭泣，高兴的人仿佛没什么可高兴的，买东西的似乎并没有得到什么，从这个世界中榨取油水的，似乎并没有滥用这个世界，因为这个世界的规则已经发生改变。"毫无疑问的是，这些话是发自于圣保罗心中的信念，那是他与他的同时代

---

① 尼禄（公元 37 ~ 68），古罗马暴君。

人共同拥有的信念。这个信念就是：基督将在他们的时代，甚至在他们的有生之年再度降临，并结束那段异教的历史。

很明显，这些话的表面意义不符合现在的情况，因为基督的思想如今正在发挥着越来越大的影响，左右着法律的制定以及政府的行为。

现在，债务是商业领域里的必然现象。很多商业活动就是一种债务行为，借债或者还债。大型企业，无论是私人的还是国家的，都建立在信誉的基础上——人与人之间的信任。因此，债务压根无法避免，我们只能让债务关系不违反既定的道德原则和商业原则。

第二，还债的期望应该建立在拥有明显的还债能力的基础上。借债的人必须遵守一个诚实的原则，那就是借债的时候一定要确保自己有偿还债务的能力。任何人，即便是政府，也没有权利过度借债，让自己背上沉重的包袱。财富可以以真实的价值形式存在，也可以以创造价值的能力形式存在。经济学上永恒的定理是，信誉与真正的价值成正比。原则上，年轻人应该尽量避免借贷。那些手里没有资产，没有创造资产的能力，也就是没有偿还能力的人，应该绝对避免借债。年轻人很容易就陷入债务。因为生活对他们来讲充满希望，未来在年轻人看来总是闪闪发光。年轻人总是心里充满了希望和自信，以至于借债在他们看来根本算不上什么严重的大事。结果是，很多视借债为儿戏的人预支了自己的全部未来，让自己的一生都在挣扎中度过，倾尽其全部精力来偿还沉重的债务。年轻人常常不满足于现状，不愿限制自己的欲望，急于得到奢侈的享受，并且还跃跃欲试地要在服饰与生活方式上展现出一些品位，可是这些一概超出了他们现有的经济能力。于是，他们就向别人借钱，草率地许下诺言，但是履行起来就非常困难了。没过多久，他们就如梦初醒，终于明白了自己已经把还没挣到手的财富挥霍一空。接着他们就开始痛苦而疲惫地挣扎，为自己的愚蠢付出代价，努力找回那已经失去的自由，或者干脆自暴自弃，在同伴中声誉扫地，永远抬不起头来。更糟糕的是，他们甚至有可能禁不住诱惑，为了赚钱干起了不道德的勾当。

有些人对于经济实力的理解真是让人感到莫明其妙。他们衡量成功的标准就是自己是否有能力背上债务。有一个年轻人，西部定居下来。一两年之后，从东部来了个老朋友看望他。当朋友问他日子过得怎么样时，他回答道："哦，这个地方真是棒极了，是最适合年轻人的地方！我刚来此地的时候，身上不名一文，可现在，我借了一千美元的债务。"

霍勒斯·格里利[1] 写得好："饥饿、寒冷、蔑视、怀疑，无端地指责，这些都令人感到厌恶，但是借债比这些还要糟糕。倘若上帝怜悯我，让我的某个儿子或者所有儿子都能够在我晚年的时候成为我的依靠和安慰，那么我一定要让他们牢牢记住这样一个道理：'千万不要借债！要像躲避瘟疫和饥荒一样躲避债务。如果你只有五十分钱，连一周都支撑不下去了，

---

[1]　霍勒斯·格里利（1811～1872），美国记者、政治领导人。

那就买点苞米来，就靠苞米过日子也比欠债强。'"格里利的一生很好地印证了自己的话。他白手起家，从无名之辈奋斗到享誉全国。我从没听说他赖过什么人的账。很多人由于还不了债务，从而使自己永远陷入诚信危机而不能翻身，还有另一些人早年借债无度，后来实在不堪重负，最终走上了犯罪的道路。有太多人在商业上一败涂地，其直接原因就是当初随意借贷，最后无力偿还，或者是因为买空卖空，不切实际。

和霍勒斯一样，托马斯·卡莱尔也非常憎恶借债，以至于他甚至宁可忍受贫困的煎熬也不向别人借钱。他在薪水微薄的职位上勤勤恳恳地工作了很多年，到了最后才总算摆脱困境。古怪的约翰·兰道夫[①] 有一次突然从众议院的座位上跳起来，用尖利的嗓音大声宣布："议长先生，我找到了！"大家听见他突然这么一吼都安静了下来，然后他接着说："我找到了万能的法宝！那就是'临走前务必把账结清'！"其实，债务缠身最容易引发不诚实的行为，甚至是无意识的不诚实行为。有一句话，每个年轻人都应该把它当作立身处世的基本道德准则，视之为诚实品格的最起码要求，即"没有把握偿还，就不要借债"。一旦违背了这个原则，你的损失将无法挽回。无论什么样的天才都不能弥补因为缺少诚信而遭到的损失。据说，有一次，西德尼·史密斯搬家之后，邻居们都不认识他。当地报纸登出消息，说他是在社会高层郊游颇广的大人物。于

---

① 约翰·兰道夫（1773～1883），美国政界人士、演说家。

是，远远近近的邻居们纷纷前来求他走门路办事，但是他断然地把实话告诉了这些新邻居。"我压根就不是什么了不起的大人物，"他说，"我只不过是比较诚实罢了。换句话说，我就是普通人，懂得欠债要还。"我们应该记住沃尔特·司各特[①] 如何辛劳一生只为了偿还债务保住家园，而那些债务中很大一部分并不是他造成的，他的威弗利系列小说可以永远证明他怀着怎样高尚的态度认真对待偿还债务这件事。

由于草率借债而造成的痛苦和窘迫实在令我难以形容，到处都有这样的事情。大家都记得狄更斯笔下的人物——麦考伯先生。他是个非常滑稽、可怜、可爱，同时又可鄙的人物，总是用新借的钱去还旧债，终日惶恐不安，想象着眼下的一张账单付清了，下一批账单就该到了。大家也记得麦考伯说过一些颇有见地的话，可惜他自己却全然没有按照自己的话来行事："如果年收入是二十镑，每年花十九镑六便士，那么你的生活就会非常幸福。如果年收入是二十镑，却花掉二十六镑，那么你的生活就会痛苦不堪。"麦考伯所不断经受的痛苦就是很多不能量入为出的人正在经受的痛苦。可是最糟糕的事情倒还不是痛苦本身，而是在上帝和他人面前失去信誉的罪恶感，而失去信誉一定会招致恶报的。

每个年轻人都应该好好读读本杰明·富兰克林的书，倘若不为别的什么原因，就是为了在书里找到一些精辟深刻的道

---

① 沃尔特·司各特（1771～1832），英国小说家。

理，从中学会为人处世的智慧也是值得的。"想想吧，"他说，"想想一旦负了债，你该怎么办？那时你就只好把自由拱手送人了。如果你不能按时还清债务，你就没脸再见那个债主，你连跟他说句话都不敢，你只好透露一些令人怜悯的隐私作为借口，一点点损失掉你的诚信，最后堕落到谎话连篇的程度。因为正如可怜的理查德所说，撒谎总是紧随着借债，同样，谎言总是骑在债务的后背上。"①

其次，我再谈谈广义上的债务，也就是等同于职责的债务。因为人是一种道德存在体，无论是与同伴还是与上帝都有着密切的联系，所以人必然承担一定的职责。在博大仁慈的道德准则之下，每个人都对他人和上帝负有某种债务。这种债务是永久的，永远还不清的，因为在生命的每一分钟里，这种债务都会源源不断地出现。这种债务虽然不会层层累加，但是我们不可能摆脱这种债务。我们可以彻底或部分地拒绝承认这个债务，但是这个债务给我们带来的压力却始终不会减少。而且与某些国家的金融债务不同，这笔债务永远不会被免除，这个债务是每个人与生俱来的，从他成为道德存在体并与他人产生了道德关系时，他就背负上了这笔债务。在谈及道德生命这层最基本事实的时候，有宗教信仰的人与没有宗教信仰的人是没有什么差别的。有的人承认自己对于他人和上帝负有一定的债务，而有的人就不承认。但是承认与否并不是问题的关键，即

① 意思是谎言能够使人暂时躲避债务，但是不能使人永远摆脱债务，甚至早晚要被人彻底揭穿。源自英语的习语：骑在老虎背上。

便不承认也不会解除这个债务。每个人都必须公正善良地对待他人，必须敬畏虔诚地对待上帝。诚然，最优秀的人在偿还债务时也不能做得非常完美，但是这并不能动摇我们的义务，我们所担负的义务非常沉重而且没有期限，这一点是无法改变的。

所谓"拯救"就是把人的道德生命提升至完美境界的过程，而我们所担负的义务就是以此为目标和归宿的。

每个人都必定要在品德和言行方面尽可能地变得完善起来。上帝面前人人平等，道德准则适用于全世界各个地方。职责的内涵与人性的内涵一样宽广。上帝并不只爱受到恩宠的少数人，上帝爱全部世人。而且要全体世人来执行。世人所应承担的义务不应因为世人的否认就失去了效力。拒绝履行自己职责的人，其灵魂将找不到隐匿自己的地方。在整个宇宙中，道德准则遍及每个角落，就像空气一样四处弥漫。

要明确记住一点，那就是有一项义务是大家每个人都要分担的。这项义务公平合理，永远存在。这不是一个负担，而是一个福音。因为这是获得幸福与宁静的必要条件。当应该做的事情变成了愿意做的事情，天堂就降临了。赞美诗的作者①说道："无边的宁静笼罩着热爱上帝律法的人们。"

对于我们的同胞，我负有债务。我们欠同胞的，是在他们的劳作与斗争中提供爱与帮助，是当他们痛苦时我们应该给予的同情，是当他们需要时我们应该付出的行动。我们所欠世

第六章

负债

————————
① 赞美诗是《圣经》的一部分。

人的，就是向世人展现美德与仁慈，给世人做个表率，与世人分享我们的幸福和欢乐。世人所承担的义务是没有间断、永无止境的。这个义务不会由于某一个善举而停止，世人须用一生的努力来完成它。所有伟大的心灵都从不同角度承认了这项义务。圣保罗这样评价自己："我身负债务，无论是对希腊人还是对蛮族，是对聪明人还是对愚笨的人。"现代科学思想中的利他主义不过是对基督律法的一次迟到的承认罢了，因为基督的律法是整个世界的道德准则。

起初，我们的生命毫无价值。但是，当我们懂得并接受了自己对上帝负有的职责时，我们的生命就获得了尊严与意义。承担这项义务并非套上了枷锁，而是得到了自由。这项义务对于灵魂的意义，就如同空气之于肺，光之于眼，鲜红血液之于跳动的心脏。归根结底，我们只有一项义务，那就是我们要生活在对世人的热爱之中，生活在对上帝的热爱之中，而这种爱就是宗教，就是博爱。与此相比，其他的职责义务都微不足道。承认它、接受它、欢迎它，把它视作自己与上帝的纽带，视作获得救赎的路径，用愉悦的身心、不懈的努力和日益高涨的热情，倾注全部生命，来向上帝偿还这笔神圣的债务。

【第七章】

高 贵

美德才是真正的高贵。

——尤维纳利斯[1]

一个人倘若拥有理性与勇气，热爱自由和美德，行动中闪现着高尚的情操，那么这个人就是一个高贵的人，是大自然的精华。

——汤姆生[2]

善良是世上最可贵的品质。一颗仁爱的心，比贵族的冠冕更加璀璨夺目；纯洁的信仰，比贵族的血统更令人敬仰。

——丁尼生[3]

请坚信这一点：贫屋寒舍里的好人一点儿也不比皇宫大厦里的好人少。

——罗伯特·欧文[4]

---

① 尤维纳利斯（公元 60 ～ 140），古罗马讽刺作家。

② 汤姆生（1700 ～ 1748），苏格兰诗人。

③ 丁尼生（1809 ～ 1892），英国桂冠诗人。

④ 罗伯特·欧文（1771 ～ 1858），英国社会改革者。

既然存在着"真实"这个词语，那么我们就不得不想到，有时"高贵"也会是假的。这世上，有一份美好，就总有一份虚假与之相对应。在人类社会里，每存在着一种恶习陋俗，就相应地存在着与之对应的美好品德与风尚。这些丑陋的东西，要么预示着美好事物即将到来，要么就是美好事物凋谢之后留下的枯枝败叶，要么就以一种扭曲变形的形式向我们昭示着美好事物的存在。就其根义来讲，"贵族"这个词的含义具有政治色彩。这个词源于两个希腊词：$\check{\alpha}\rho\iota\sigma\tau\sigma\varsigma$ 意为"最优秀的"，$\kappa\rho\acute{\alpha}\tau\sigma\varsigma$ 意为"权力"，这两个词结合在一起，意思就是最优秀的人进行的统治。韦氏字典将贵族这个词定义为"由一个国家最优秀的人组成的政府体系"。后来，这个概念又被添加了一个重要的意义："年代久远，非常罕见的。"这便是本·琼生[1] 于字里行间所要表达的思想：

---

① 本·琼生（1572 ～ 1637），英国文艺复兴时期剧作家、诗人。

第七章

高贵

　　如果参议院不允许我们以这种方式追求我们的利益的话，我要抗议，以此来告诉全国人民根本不存在"贵族政治"。

　　通常，这个词指的是那些特权阶级的人。这些人认定自己拥有非凡的血统和世袭的特权，因而想当然地凌驾于大众之上，成为大众的统治者。就本质而言，有关贵族的概念是以人类的正义和福祉为根本的。我们的社会理应由最优秀的人来统治。最优秀的人应该成为大众的楷模，而且毋庸置疑，有些时候我们确实实现了这个想法。历史上，很多国家都曾有过这样的时期。社会的确是由最优秀的人来管理，这些品格与才智都出类拔萃的人为大众制定社会与政治方面的法律法规。这样的历史时期或许就在昭示着将来人类终将实现这一美好设想。然而，人们常常把"出类拔萃"这个词理解为最强壮的或者最精明的，要么就理解为最富有的或者最骄横的。于是，贵族常常不是最优秀的人，却是最卑劣的人。因为他们把自己所拥有的超越常人的智力与能力都用来谋取私利，并且他们的手段也非常暴虐。历史告诉我们，很多国家里的贵族都是那些目空一切的家伙，靠继承姓氏而形成一个封闭的阶层，他们维护自身地位的方法就是最黑暗的暴政。

　　举例来说，大革命之前的法国社会就是这个样子。贵族，作为一种特殊的政体形式，已经很少见了，即便存在，也注定不能维系很长时间。但是，作为一种世代相承的阶层，却在世界范围内普遍存在。从最根本的意义上来说，贵族制度与民主的原则并不冲突。因为在一个合理的民主制度中，政府就是应该由那些筛选出来的精英们来主持。但是贵族这个词语已经与"特权""封号"等观念紧密联系起来，而这些观念对于"民主"有害无益，更有损于构建宽广博爱的人性。在美国，虽然没有哪个阶层拥有贵族这一称号，但是贵族的观念却依然存留着，并且在这一观念下，出现了很多自命不凡的阶层，他们的依据各式各样，不胜枚举。比如，有的是因为在世代相传中拥有了某种社会习俗，有的是因为自己的家族与欧洲的某个古老姓氏牵上了点儿关系，并且就连这点儿关系也常常不过是臆想出来的罢了。而有的则是因为从老一辈那里继承了些钱财，也就因此继承了点社会声望而已。在南方各州，拥有奴隶就是贵族身份的重要标志。有时，还有一些人装腔作势，一副贵族做派，因为他们有着某种政治地位或者担任着某一官职。在有关贵族的种种观念中，最低劣的观念就是完全或者主要以钱财为衡量标准。这种观念依然成为民主政体的最大威胁。在日常生活中，我们常常听到这种含有贵族意味的词汇。比如，"铁路大王""煤炭巨头"①，诸如此类，不一而足。

其实，贵族这个词传达着一个高尚而可贵的观念。人类对于个体以及社会曾设想出很多高尚的理想，"精英统治"就是其中之一。贵族的真正含义应该是在其原始意义的基础上得到升华的概念。贵族的真正含义是：权力应该由那些最杰出的

————————
① "巨头"一词，在英语里就是"男爵"这个词。

115

第七章

高贵

人来掌握并运用。最优秀的人，就是那些最有能力、最慷慨无私、最英明智慧、最纯洁高尚的人。社会理应由这样的人来管理，这样的人理应负责掌握人类社会中的主导力量。换句话说，人类应该朝着真与善的方向前进，最理想的社会就是由上帝来统治的国度。我们在卡莱尔的话里可以看到一种深刻的智慧，从而受到深刻的启迪。他说："所谓民主，其全部意蕴在于人类距离真正的高贵越来越近，人类社会则完全实现精英统治。"

精英统治的意思是，引导人类思想与行为的人必须践行正义，体现上帝之爱，并对同胞怀有深切的情谊。最优秀的人，就是最高尚的人，也就是最能体现人类的真正美德的人。精英统治并非仅仅借助权力来进行统治，也不依赖于任何物质手段或物质力量，比如财富或者军队。在这种统治模式中，精英就是全社会的道德楷模，运用道德的力量来管理社会。总而言之，这是一种以服务于社会为宗旨的统治模式。人类所能够达到的最高境界的完美，就其本质来说，非常准确地体现了上帝与人类之间的关系。这种爱是没有时空限制的，它来自于世界最古老的深处，并且当尘世的一切将完结的时候，这种爱将弥漫于整个天地之间。仁爱的心就是力量，统治的意思是服务。威尔士亲王的盾牌上有一句座右铭，用德语刻了一遍，用英语又刻了一遍：我应该为他人服务。这才是真正的王道。只有服从大爱，权利才有价值。只有注入爱的灵魂，全能的力量才是宝贵的。耶稣基督是最有力量的人，因为他是最仁爱的人、最伟大的仆人。一次，耶稣帮助过别人之后，对门徒说："你们称我为导师和人主。你们这样称呼我是对的，因为我的确是这样的人。如果我这个导师或人主为你们洗了脚，那么你们也应当为彼此洗脚。"耶稣最深刻也最生动地诠释了身为导师及人主的真正含义，并最有力地实践了他毕生传播的思想和观点。历史上曾出现过无数伟大的人，他们的英勇无私照亮了世界，使这个世界不断进步。这些人全都向我们证明了这样一个道理：所谓伟大，就是指道德高尚；仁爱是真正的力量，统治与服务并非对立，而是相互一致的。

人们追求伟大，渴望权力，他们希望自己在同胞当中出类拔萃。耶稣以及各个时期的圣人们是这样告诉世人的："在你们之中，若有人愿意成就伟大的品格，他可以成为你们的导师；在你们之中，若有人愿意担任首领，那么他应该成为全体人的仆人。"这些话体现了"贵族制度"的真正含义：即社会应该由最优秀的人来统治，因为他们能够为社会提供最好的服务。人的自私心理不断促使人们只为私利而忙碌，但是自私的人却永远不会成为伟大的人，他们的力量也不会维系很长时间。随着时间的流逝，人们越来越深刻地明白了这个道理：自私是一种软弱的表现，只有仁爱的心才是坚不可摧、无法战胜的，难道这不正说明上帝对撒旦的斗争依然继续着，并且从未停止过吗？

至此，我们能够总结出自己的观点。真正的贵族是由那些已经取得或者正在争取获得伟大能力的人，一个人倘若懂得自私自利是生活的祸根，他就可以被称作一个贵族。无论他们从事什么样的工作，他们都会因为心怀造福人类的伟大心愿而使自己的工作闪耀着仁爱的光芒。所谓"假贵族"，其本质概念就是：人不为己，天诛地灭。"让别人去奉献吧，我必须享受别人的奉献。让别人流血流汗吧，我必须坐享其成。让别人忍受痛苦去吧，我却必须及时行乐。至于别人的安危苦乐，全不必挂在心上。"在更细微处，"假贵族"常常表现出来的精神特质是：蔑视贫穷的人，看不起衣着简朴的人，对人与人之间纯朴的感情和简单的生活乐趣不屑一顾，而对那些真正富有生机的美德更是嗤之以鼻。假贵族的标志就是那一幅傲慢的态度。觉得自己高贵，其实不过就是冷酷罢了。假贵族们从不以人自身所具有的价值来衡量人，而是看出身、论门第、讲财产。假贵族们瞧不起做工粗糙的外套、古铜色的面庞和布满老茧的双手，因为在他们看来，这些都是社会地位卑贱的标志。真正的贵族往往以承担义务和责任为荣，而仅仅拥有财富的贵族则处处流露出狂妄自大、自私自利的精神实质。

真正重要的问题不在于：你的祖先是谁？你与谁攀上了交情？或者你身价几何？真正值得我们关注的问题是：你的内心、智慧、动机和目标具有怎样的品质？你可能出生于一个非常古老的且拥有"伯爵"封号的家族，你走起路来可能风度翩翩、文雅端庄，你的财富可能比得上整个罗斯恰尔兹贴现公司或者古德公司的资产，但是如果你做事违背真理，毫无荣誉，对同胞毫无手足之情，那么，比起那些乐于为他人、为上帝而活着的人，比起那些谦逊的心灵，你简直卑微得没有立身之地。在这种价值面前，天才的头脑又值几何？无论男人还是女人，只要竭尽全力地为他人服务，他就是上帝心目中的贵族。

贵族政治的真正含义是：社会应该由最优秀的人来统治，最优秀的人应该是心地仁爱的人。让最优秀的人来统治社会，就是让他们来为社会做出巨大的贡献。基于这个观点，我现在给大家提出几点看法，请大家认真思考。

真正的贵族不以工作为耻。很多人都把劳动，尤其是把体力劳动看成一桩不体面的事情。但是别忘了，上帝造人，就是为了使人在这世上有所作为并有所成就的。希伯来的先贤，为政府制定了一套律法，虽简单却拥有无上的权威，这位拥有无比智慧的先贤说道："每周工作六天，把所有的工作按时做完。"这条规定并不完全是消极的，也有其积极的一面。这部犹太法典并非通篇都禁止人们在星期日工作。一个刚刚摆脱了锁链和奴役的民族，必然需要约束，因为刚刚获得自由的人常常会滥用这种自由。只有在自愿劳作的人们当中才会形成秩序、政府以及文明。许多人在读过这条法令之后，仅仅把它当成一条禁令。其实劳动并不是一种苦难，而是一种幸福。只要拥有一个头脑和一双手，这个世界就是你劳动的地方，而整个大自然则源源不断地为你提供着劳动所需要的一切物品。一个人若是没有学会什么本领来为别人做些有益的事情，也没有什么技能来为社会增加财富，那么在最基本的生活层面上，他是个不合格的人。人类是创造者、生产者和设计者。就连诗人，在古希腊语中也被称作 $\pi o\iota\eta\tau\eta\varsigma$，意为生产者。一个堕落的灵魂总是栖息在一个懒散的身体里。这样的人是个没用的人，他被挡在光明之外，坠入黑暗之中。而那些懂得在辛勤劳动中享受乐趣的人则永远生活在光明之中。懒惰是自私的一种表现形式，而且是一种非常原始、最可鄙的表现形式。

总有一些人天经地义地认为自己应该靠别人的供养来生存。这是那些被"册封"的贵族们所信奉的一个重要观念。在这个观念的基础上，形成了奴隶制与专制的暴政。滋生这种观念的土壤并非是某个时代的特殊背景，或是某一文明的特质，而是人性中的自私。这种观念的本质无非就是为了满足自己的私欲而不惜牺牲别人的利益罢了，毫无高贵正义可言。上帝让我们用行动来实践正义，而这种观念与上帝交给我们的使命背道而驰。

劳动者的职责与尊严并存。"如果一个人不工作，那么他就不应该吃饭。"人的工作可以按照对他人的贡献划分成不同的等级，而人的尊严则是按照人的动机和态度来区分。在一个大型的生产企业做一名员工是高贵的，当一名劳动者是高贵的，不论他的工作多么卑微。夜晚，我曾站在街角，看着成群的妇女在工厂或者磨坊里做工一天之后下班回家。我看到她们用粗布缝制的衣服已经满是尘土，双手以及脸上也满是烟尘，但她们始终坚持不懈地努力工作着。我想起那些衣着花哨的贵族们，却在巴黎或伦敦的沙龙里消磨掉他们的人生。无论那些老爷们怎样为这种生活方式感到自鸣得意，我认为，这些勤劳的女工才是真正高贵的人。由于在钢铁厂里从事艰苦的劳动，她们的双手伤痕累累，长满了茧子。比起那些镶金戴银、干净白皙的手指，她们的手更富有生命的气概。其实，那些老爷们不过是继承了大笔的遗产，因此不必为了挣到一块面包而辛苦工作罢了。他们甚至什么也不必做，一切所需都应有尽有。当然，尊严不仅仅属于体力劳动。虽然人们常常以体力劳动为耻，然而只要是诚实的、有价值的劳动，无论是体力劳动还是脑力劳动，都是有尊严的。当一名身体健壮、心灵诚恳的劳动者吧，让自己充实地度过每一天。无论是天堂还是地狱，它都不会接纳一个无所事事的人，因为这样的人是最可耻的败类。任凭怎样显赫的财富或者特权都不能掩饰住其丑恶的本质。手持砖斗或铁锹，为人类贡献自己的一份诚恳的热忱，这要比在奢侈的环境里当一个衣来伸手、饭来张口的寄生虫高贵得多。

> 想想这荒废掉的一天。
> 太阳就要落山，
> 却不见你做过什么高尚的事情。

真正的贵族耻于做那些卑鄙下作的事情。他不仅仅诚实地遵守法律，而且还恪守自己的良知。无论从事什么职业，他都不会做出有悖于自己荣誉感的事情，也绝对不会让自己的行为有任何杂质，一定要以最纯净的劳动来造福他人。在道德方面，就像在金钱方面一样，人们常常会看到双重标准：一种标

第七章

高贵

准宛若黄金，而另一种标准则如白银、黄铜甚至黏土。我的意思是说：一个真诚高尚的人总是尽全力把工作做到最好。可是人们在看待自己的责任和义务时，态度总是随自己的心情而定，竭力回避良心对自己提出的严厉质问。这种情况实在太常见了。人们倘或努力工作，并非出自纯正的动机。相反，人们在工作时，首先考虑的是自己的得失，甚至还会精明势利地看人下菜碟。给这个人干活，就竭尽全力；给另外一个人干活，就偷工减料，嘴里还振振有词："像这样的人，随便对付点什么给他，就足够让他心满意足了。"有多少次，我们非常卑鄙地欺诈我们的同胞。有时我们甚至丧心病狂到竟然企图对上帝也要这套把戏！就像那些堕落的希伯来人一样，无怪乎先知会谴责他们。他们竟然把羊群里那些瘦弱的、患病的、瘸腿的羊选去当作祭品献给上帝。天地间最高的道德境界就是爱，对人类诚挚而深沉的爱。一个高贵的人在衡量自己的工作时，并不以法律的强制规定为准则，也不局限于同伴们偏狭的观念，而是以心中的爱为标准。这世界上有很多卑鄙的行径看上去似乎非常体面优雅。外表一幅善男信女的样子，然后利用别人的信任与尊敬，去干一些自私自利的勾当，这岂不是一种卑鄙无耻的行径！这种人眼睛盯着的可能就是钱。这世上的确存在着很多伪君子，就如同大诗人丁尼生曾经在笔下辛辣讽刺的那样：

他们从不平白无故地称颂上帝，

　　每念诵一遍上帝的荣耀，必有一份钱财收进他们的腰包。

他们把上帝当作攫取财富的爪子，把十字架当作遮羞的
工具，

基督的圣名，不过是他们给老实人和傻瓜设下的圈套。

哎呀，由于自私，人类的灵魂已经沉沦到何种可鄙的程
度！那些伪君子们总是吹嘘自己为上帝捐献了很多的税款，可
是他们"一边霸占寡妇的房产，却一边装模作样地念诵着长长
的祷告"。那些伤害你最深的人，总是做出一幅处处替你着想
的样子。

那些道貌岸然、虚伪做作的姿态下面深藏的是人性中的
自私。一颗真诚的心为世界所做出的贡献才真正值得我们景
仰，这样的心诚实、高尚，散发出爱的光芒。

做一个表里如一的人，践行你的信仰；

把基督的精神融入你的实践。

请大家满腔真诚地为他人服务，真正的爱就如同上帝的
光芒一样真切可亲。真正的爱决不会使人像亚拿尼亚① 那样堕
落，决不会容许人做出他那样的事情：表面上满口应承，暗地
里却偷工减料。

真正的贵族是慷慨仁慈的，有着一幅侠义心肠，乐于扶困

第七章

高贵

---

① 亚拿尼亚，圣经中的人物，因私藏捐款、撒谎而暴毙。

济贫。在天父面前，我们都是孩子。即便是最平凡渺小的人，由于感受到了天父对自己的爱，内心里也充满了尊严与自豪。

追随这位伟大仆人的人，无论出生在哪里，无论是否拥有财富，都热爱着整个人类。他的内心不会有丝毫的傲慢与轻蔑。他将不再以穷富论人，而是直接评价一个人的灵魂。对于穷人，他不会以居高临下的态度来施舍，而是真诚慷慨地竭力帮助。对于犯了错的人，他不会充当审判者，他会予以同情与保护。无论处于何种境地，他都会对女人充满侠义心肠。即便那个女人堕落得无可挽救，他也会凭着仁爱的本性为她遮掩罪恶。他的爱是无限宽广的，他为同胞服务的精神就是最高贵的情操。那些从不理解基督精神的人，无论从事何种职业，尽管也拥有某种宗教理想，但是他们的想法是多么狭隘。他们尽管虔诚，但是内心却充满骄傲。他们尽管仁慈，但是他们心里的优越感使一切善举都变了味道。他们的仁慈已被虚荣心所玷污，他们的美德总是带着一种愤世嫉俗的色彩。他们内心里的爱也散发着一股铜臭气。对很多人来说，即便是宗教也不能使其获得真正的高贵。因为真正的高贵，只属于一颗时刻搏动着无私精神的仁爱的心。

年轻人们，有一种贵族精神是永恒存在的。无论什么样的革命也无法将其推翻，无论物种怎样进化也不能使我们将其超越，无论如何了不起的成就也不能使其黯然失色，这种贵族精神就是—— 一颗热衷于为同胞服务的、勇敢正直而无私的心。请各位竭尽一切努力，达到这种高贵的境界，拥有这样高尚的手足情谊。把生命的目标设定为奉献，而不是索取。不要把一生都用来巧取豪夺、自私自利，而应该让你的心脏每一分、每一秒都在为全人类的幸福、和平与智慧而跳动着。有很多人把完成有意义的工作当作是人生的神圣使命，他们在辛苦劳作的时候能够看到其中蕴含的神圣意义和高尚的目的，他们天性高贵，生来就具有倾听别人疾苦的本能。请大家以这样的人为榜样，向他们学习，带着同样的热情投入到工作中去吧。至于那些被野心迷住了心窍的人，那些因为放纵情欲而荒废了自己的人，那些被权力与地位腐蚀了灵魂的人，还有那些金钱至上、享乐至上的人，我们千万不能以他们为榜样。我们的榜样应该是那位纯洁、慷慨、仁爱、刚强而且神圣的基督，我们的榜样应该是人类最伟大的仆人、上帝的爱子，它引导着全体世人踏上追随上帝的道路。

奉献是最高贵的使命，
而全体世人都同为一体，
此处栖身的地方并不等于整个世界，
即便头戴王冠也未必能领略上帝的赐福。

王位带给人的是孤独，
就算荣耀，所带来的也不过是低等的欢愉。
爱却能够点染一切，使之进入更高的境界，
让"我统治"，升华为"我奉献"。

【第八章】

教 育

削掉多余的部分，就呈现出人的模样。

——蒲伯

教育的真正目的是呵护并培育埋在我们心灵深处的神性的种子。

——占姆森夫人[1]

自由教育的真正成果不是使孩子学会了很多知识，而是激发了孩子学习的欲望，不是教授给孩子知识，而是传授给孩子能力。

——埃利奥特[2]

无论从事什么工作，拥有什么业余爱好，人每天都必须花点时间用于学习。

——丹尼尔·维藤巴赫[3]

教育是开启人生的钥匙。通识教育为人生获得自由打下最初的基础，即丰富的知识和基本的道理。

——朱利亚·华德·霍[4]

---

[1] 占姆森夫人（1794～1860），英国作家。

[2] 埃利奥特（1869～1909），美国哈佛大学校长。

[3] 丹尼尔·维藤巴赫，美国著名牧师。

[4] 朱利亚·华德·霍（1819～1910），美国著名的社会活动家，废除死刑运动倡导者，诗人。

教育是什么？应该怎样获得教育？这两个问题摆在每个有思想有抱负的年轻人面前，这是每个人都必须回答的问题。这个问题并不需要我们用多么深奥的理论来回答，用行动来表达我们的想法就足够了。每个人做出的回答将决定自己会拥有怎样的能力和品格，而我们衡量自己的人生是否成功的标准也全包含在这个答案之中了。

　　教育是什么？教育不仅仅意味着知识的获得和拥有。很多人以为读了很多书的人就是受过教育的人，那些没读过几本书的人就是没受过教育的人。如果一个人拥有在大学里学习的经历，如果他懂点拉丁语和希腊语，或者法语和德语，如果他引用亚里士多德和柏拉图的话，或者引用培根和康德的话，那么大家就认为他受过教育，但是事实上并非如此。一个人可能会做刚才提到的所有事情，但是依然没有受过真正意义上的教育。学习与教育并非同义词，此二者并非互相包含，倘若互相包含，也只是很少的一点点。学习，就是获得知识的过程，这个过程不仅非常重要而且具有极大的价值。但是，一个人有可能尽管没有掌握任何技术性的知识，却依然受到了真正的教育。同时，从另一方面来看，一个人可以学富五车，却严重缺少真正的教育。人们常常嘲笑"满脑子知识的傻瓜"，这并非毫无道理。有些人，知识渊博得如同百科全书一样，但却是全然没有受过真正教育的人。

与教育思想相比，没有哪个思想体系有过如此的进步，更没有哪个思想体系的进步能够如此深刻地说明人类的进步。当然，我们必须承认，教育最初的进步是以方法的改进为主线的。人们很早就已经理解了教育的真正目的，而且表达得非常精辟，让后人很难再做任何改进。

古代波斯人给年轻人设置的教育内容就是：热爱真理、孝敬父母、尊重法律，以及如何使用各种武器。希罗多德①曾如此简要地描述过古代波斯人的教育体系："从五岁起，至二十岁，孩子们要学会三件事：骑马、射箭，以及说真话。"古希腊人，是第一个发展教育科学的民族，把学习的科目划分为两类，即音乐与体操。第一类包括了所有智力方面的学科，第二类包括所有身体素质方面的训练。古希腊人非常注重体育，但是柏拉图却说："这世上再也没有什么事情比让自己获得全面的锻炼和提高更能够让人受益无穷了，也再没有什么

---

① 希罗多德，古希腊历史学家，素有"历史之父"之称。

事情比这件事更加神圣高尚的了。"柏拉图把教育视为如此神圣的事情是因为教育是以美德为目的，以国家的最高利益为宗旨。在他的社会和政治结构的设想中，他使教育成为每位公民的义务。这个设想启发了后人，早于我们两千多年就提出了义务教育法。稍稍晚于柏拉图的埃斯奇纳斯[1] 证实了这一点："我们大家都知道，身体技能的训练、学校的课程，或者科学知识，这些教育内容对于我们的青年人来说都是远远不够的。我们的年轻人还应该从公众的楷模身上受到教育。"

　　罗马人也非常注重身体素质的训练，他们的课程体系分为演讲和体育两大类。演讲类的课程内容基本与古希腊人的音乐类课程内容几乎完全相同。在波斯人、希腊人以及罗马人的国家里，教育的实践性很强，接受教育的人可以在行动中体现出教育的意义，但是很多杰出的希腊人和罗马人对于教育的理解要比他们的教育体系所体现出来的理念深刻得多。例如，霍拉斯说过："邪恶欲望的病菌要被彻底清除，因享乐而变得软弱的思想要接受严厉地锤炼。"然后他又说道："人必须经过锻炼，天赋的能力才会得到发展，必须拥有健全的文明，人的心灵才会得到保护。如果道德教育失败了，那么天赋中最高贵的那一部分也就泯灭消失了。"事实上，现代教育中最优秀的理念已经存在于古人的思想中了。但是比起古人，现代教育的方法的确有了非常显著的进步。特别是近代，由于教育方法

131

---

① 埃斯奇纳斯，古雅典雄辩家。

的进步，教育理念也变得更加高瞻远瞩了。在所有的历史时期，都曾有人认识到，真正的教育并非以技术层面为最高境界，而是以塑造品格为最高宗旨。蒙田曾抨击过他所处的那个时代——十六世纪五六十年代的教育体制。他说道："我们的教育体制并非以增加我们的智慧和善良为目的，而是以增加我们的知识为目的。当然，这个教育体制也确实给我们灌输了不少知识，但是这个体制没有教我们热爱并追求真理，相反它仅仅让我们死记硬背一些词源学知识。如果我们不懂得如何爱惜美德，那么我们就会懂得如何败坏美德；如果我们不懂得什么是真正的谨慎处世，那么我们就只好在虚伪的教条中领悟做人的道理了。"

比起古代，现代教育理念更加深广，同时也更加富于哲学精神与科学精神。波斯民族的教育体制的创建者们把教育定义为"使人的能力得到全面和谐的发展"。这个定义突出了这样一个思想，即教育是发展的过程而非习得的过程。也就是说，教育不是给人增加什么素质，而是通过吸收知识来发展人的素质。

詹姆斯·米勒表达了一种功利主义观点，他说教育的目的是"尽可能地使每个人成为快乐的工具。首先，要让自己快乐；其次，要给别人带来快乐"。这样的定义，并没有表达出教育的最终目的，有些舍本逐末。约翰·斯图亚特·米勒，也就是詹姆斯·米勒的儿子，他这样定义教育："一种文化，每一代人都有意识地传给下一代人，使之得到继承，并使下一代人有能力把前辈积累的文化发扬光大。"这个定义似乎既包含了文化传承的因素，又包含了人才培养的因素。但是，比这两个定义更加准确的是丹尼尔·韦伯斯特在里士满与女士们谈话时做出的定义：广义上的教育并非仅仅指获得知识。人的感情要受到训练，情欲要得到限制，真诚而高尚的动机要得到激发，深刻的宗教情感要得到培养，纯洁的道德要在各种情境下得到反复地灌输，所有这一切都是教育所包含的内容。

"教育"这个词的根意是"引导出"，与此相一致的是沃凯斯特做出的定义：教育是"一种培养并开发人的身体、智力以及道德等方面能力的行为"。惠特尼的定义则更为清晰："教育，从广义上讲，包含了培养理解能力、矫正性情、提升品位、养成礼貌和良好的习惯等诸多方面的内容。"此外，他还从詹姆斯·弗里曼·克拉克的书里引用了这样一段令人深受启发的的话："真正意义上的教育，并非仅仅讲授拉丁语、英语、法语或者历史。教育是开发全部人性的过程。教育是使人们在各方面得到最大限度的发展。"

刚才我引用了很多定义，目的是想让大家明白教育理念的发展过程，以及教育是如何逐渐涵盖人性全部领域的。

人可以分为身体、思想与心灵三个方面，于是人们常常把教育也分为相应的三个方面。人需要经过一个和谐而持续的发展过程才能最终达到完美的状态，但是一个人的和谐发展并不意味着人在这三方面不分重点地发展。这三方面的重要性的排序应该和刚才的排序恰恰相反。道德，应该排在身体和智力的前面。这样的排序并非是迎合当前的潮流，而是从本质上来讲就理当如此。在任何教育体制里，忽视身体的发展是既不正确也不明智的，但是人们很容易就把过多的注意力放在身体方面。我们需要健康强壮的身体，因为身体健康强壮与智力，甚至道德方面的健全密切相关。但是，我们毕竟用不着为了得到很好的发展就把自己锻炼成为运动员。世界上了不起的劳动者，那些用自己的思想影响了一个时代甚至一个文明的人，都不是运动员。柏拉图与莎士比亚都没有大块头的肌肉，至于培根，我想，一个拉煤球的人就能够很轻松地把他摔出去老远。约翰·威士利① 不太可能去给希腊派的雕塑家当模特②。历史证明，人类已经取得进步，风尚已经改变，美德已经得到传播，文明已经进化到了比较高的阶段，而这一切都依赖人的头脑与心灵，依赖智慧与道德的力量。而肌肉的蛮力一直都服务于头脑与心灵，如果蛮力也曾经占据过主导的地位，那么其结果就是文明的毁灭与发展的停滞。

我们倘若有理性的话，就不能把身体的发展与智力、品位和道德观念的发展相提并论。身体是基础，是工具，不能与心灵同等地位，不能成为心灵的伴侣，更不能成为灵魂的主宰。

至于身体方面，真正的教育应该关注身体的发展，使身体强壮起来，从而能够更好地服务于心灵。倘若肌肉得到特殊

---

① 约翰·威士利（1703～1791），英国著名牧师。

② 希腊风格的人物雕塑常常以体格健壮的人为原型。如果是男性雕像，则以肌肉发达、身材魁梧为特点。

的发展，头脑进步与运用就会受到损害。一个人如果成为了一名优秀的运动员，就不太可能成为一位渊博的学者。一个双手挥舞四十磅重的哑铃的人，一定不会在学识与道德方面为社会做出很大的贡献。事实上，每个人都有一份生命力可以不断发展，但是这个生命力的发展是有一定限度的。如果我们把生命力主要用在发展体力上，那么我们对于智力活动的发展就一定不会投入很多。过度从事体育锻炼与极少参加体育锻炼一样，都会妨碍人们进行深刻的思考。

现在，简单地讲，我们的观点就是，我们必须给予身体以适当的关注，使身体成为头脑与心灵的最佳工具。完全忽略身体会威胁我们的健康，而过度锻炼身体则会损害我们的心智。圣保罗的话非常有道理："我一直受到身体的控制，最终我使它臣服于我的心灵。"

教育，从与智力和道德的关系来看，就是按照高尚的道德准则，通过教导、使用以及训练的方式，开发并强化理性、情感以及意志的过程。

此刻，我们不必深入探讨我们的道德本性与智力天赋。但是重要的是，我们必须明白，教育就是使人逐渐获得健全、平衡、高尚且务实的人格的过程。在约翰·弥尔顿的崇高诗句里，教育就是"点燃人们的求知欲并激发人们对美德的热爱，让人们渴望能够成为勇敢的人、爱国的人以及对社会有价值的人，并使人们无限地热爱上帝"。受到良好教育的人一定拥有清晰健全而深刻的理性，能够做出客观公正的判断；一定拥有敏锐的良知和坦荡纯洁的情感，能够确立高尚的理想，并为了实现自己的理想而调整自己的行动。如果人没有这些素质的话，那么他就没有受到最好的教育，无论他的学识有多么渊博。

首先，教育就是唤醒并发展人们心智能力的过程。训练并培养人们的理性，使人们的观察力变得更加敏锐；强化人们的判断力，让人们记住很多知识与原理。若想成为明智且有价值的人，我们必须能够进行深刻地独立思考。每个人都应该学会如何形成自己的判断，否则他就会沦为环境的俘虏或者思想受别人操纵的玩偶。学会思考就是学会独立做人。教育就是培养理性而稳健的人格的过程。

理智不能与良知或者道德感分开。一般来说，我们只是约略地区分了理智与道德。现实中，我们看到很多人头脑聪明，但是道德水平却很低。他们的理智似乎与良心分离了。同样，我们还看到很多人没有宗教信仰，但是依然拥有深刻的道德洞察力以及道德信念。但是，真正意义上的人应该拥有完整的人格，他应该既有理智，同时又有道德信念和宗教信仰。这三方面是构成人格的最基本要素。因此，倘若教育只是开发了人的某一方面，却丢掉另外两个方面，这一定不是健全的教育。人既能够与他人和谐共处并相互合作，又信仰并热爱上帝，而此二者都是人类固有的天性，很难改变。倘若与道德信仰分离，理智就会受到严重的损害。从某种角度来说，培养道德与心灵就是在培养理性。信仰从本质上来说是理性的。当人们礼拜祈祷的时候，头脑的工作状态与人们思考一道几何题是一样的，都是非常理性深入的思考过程。在这两种情况中，头脑工作的过程可能不太相同，但是都非常自然而然地完全遵照心灵的准则。事实上，你的理性可能受过很好的训练，但是却没有形成一个清晰而严谨的道德观，那么这不能说明你受过教育，因为你受到的教育是片面的、有缺陷的。培养人的道德品质就如同培养人的逻辑思维能力，都是构成健全的教育的重要因素。良心麻木、心灵迟钝的人不是受过真正教育的人。

我们的教育必须立足于人是一种道德存在物这个事实。若不然，教育就会变得片面而狭隘。事实是，以现在的人性状态，唯一能够自然地、全面地提升人性，使人性变得更加美好、更加坚韧的办法，就是对人进行教育。这不仅要启蒙人的理性，还要发展人的心灵，并激发起人对上帝的敬畏之心。

人的情感也应当受到教育和训练。人既是情感的动物，又是思想的动物。人们心里所蕴含的情感与激情能够不断增强，从而拓宽并丰富了我们的心灵。人们有喜怒哀乐、恐惧以及希望。人们的内心有时涌起美好豪迈的情感，有时会产生同情、怜悯、热爱与敬仰等思绪。所有这些都是人的情感，是我们天性中重要的组成部分。完整的教育应该包括对心灵的培养，使人拥有纯洁磊落的情操并懂得欣赏一切美好的事物。一个狭隘而缺少同情心的人，或者缺少爱的能力的人，就是一个没有受过教育的人，即便他聪明绝顶、学富五车。

教育的另一个重要方面就是培养并锻炼人的意志。人倘

138

若没有坚韧的意志，那么他所学的知识中绝大部分是毫无意义的。通常，人们觉得大学毕业的年轻人学习了语言、科学、历史等方面的知识，应该属于受过良好教育的人。但是如果那个年轻人意志摇摆不定，缺少决心和毅力，那么他其实只接受了一半的教育。他就像一艘船，外形漂亮，容积也很大，但是却没有龙骨和舵。意志是人内心里的推动力，如果推动力不够强大，或者没有很好得掌控，那么他就无法发挥自己的才干和学识。不培养人的意志、勇气、自控力和毅力的教育不是适应生活实际需要的教育。灵魂的所有天赋、理性、情感、美德与热情，都可以转化成力量，都用来塑造人的品格，使人能够更好地发挥自己的才干。我们的一切天赋都由意志统率着。如果我们的意志因受到过锤炼从而足够强大的话，它就可以调动我们一切天赋，使各种能力协调一致，从而凝聚成最强大的力量，使我们无往而不胜。为什么有那么多人懂得很多却做得很差？这主要是因为他们的意志没有经受过锻炼，没能达到他们的理性和良心所达到的高度。意志曾被称作"人格的脊梁"，是品格的主要支撑力量。没有受过磨炼的意志会令头脑贪恋游移不定的幻想，使思维荒废，变得像梦一样缥缈不实，只能进行一些没有条理，毫无益处的无端猜测。薄弱的意志还会使心灵被狂乱的情欲和反复无常的情绪所控制，行为也会变得毫无理性且冲动而善变。

　　然而恰恰就是在这一点上，很多家长在教育子女时犯了第一个同时也是最严重的一个错误。他们似乎不明白，自己有责任训练孩子的意志，并且似乎更不知道倘若孩子们的意志没有得到充分锻炼，那么他们满心热忱地给予孩子的教育，并不会使孩子的一生免于荒废，或者不使他们遭受人生最惨痛的挫败。而我们，正在为自己寻求教育的年轻人，应该马上就明白这一点，培养强大的意志力是我们提高自我的关键环节。人应该压制自己的意志，甚至完全消除自己的意志。丁尼生在诗歌里揭示的真理超越了卡尔文和爱德华兹的观点。他写道：

我们具有意志，我们却茫然无措，
我们把意志交给上帝来主宰，我们就真正拥有了意志。

把意志交给上帝，并非要消灭或者失去我们的意志。这就像我们把理智交给上帝并非要消灭或失去我们的理智一样。我们要去除的只是人性罢了，因为那是一种自私的意志。把意志交给上帝的方式只有一个，那就是运用并锻炼意志，以使意志能够自由地把正义精神执行到底。拥有自由而坚强的意志是非常明智，也是非常高尚的事情。一位道德与心灵都成熟的基督徒，其特点是他非常理性，把自己的意志交给上帝，从而获得了自由坚强的意志，能够在人生中的每一个关键时刻自愿地做出高尚的抉择。

大家现在明白了，教育的真正含义有多么深广。千万不要以为教育就是传授书本上的知识。书籍，尤其是好书，常常价值无限。书籍是教育的重要工具，但是教育面向的是我们身心的全部，包括思想、心灵、良知和意志。教育要使我们的一切都化成力量、行动和美。你是否接受过教育不取决于你拥有什么，而取决于你是什么样的人。如果你的理性非常清晰、强健并独立，并且以真理作为全部追求目标；如果你的情感非常健康，只为美好的、崇高的和高尚的事物而感动；如果你的心灵孕育着纯洁的爱和坦荡的情操；如果你的良知能够敏锐地感受到道德原则的呼唤，就像星球能够敏锐地感受到引力的作用一样；如果你的整个灵魂期待上帝就像花朵渴望阳光一样，并且如果你的意志坚定不移地统率着你的所有天赋来共同实践正义的真理，那么你就是接受过真正的教育，也就是上帝期待自己的孩子所接受的教育。这是完美的教育，与这个完美的理想相比，每个人在现实中曾经受到过的教育都是相对的。世上没有十全十美的事情，我们只能在理想的照耀下不断进步。唉，那些年轻人还以为教育是用几年时间就可以在学校完成的！你将不时地看见一些教育机构的广告，自诩为"精修学校"。这个名字本身就隐含着一种讽刺。我不懂得什么叫精修学校，我只知道学校应该弘扬上帝的智慧与仁爱，那样的学校所开设的课程与美丽开阔的大自然融为一体。"我直到现在还背着我的皮书包呢。"老年的米开朗琪罗如是说。

因此，教育必然是进步的。教育不是得到而是成长。柏拉图说："真正的教育是让人逐渐进步，最终成为优秀的人。"真正的教育会使人受益终生。我们应该建立的教育模式是不忽视人才的培养，因为人的生命是有限的。相反，我们要重视当下的机会和职责，从而使我们的教育成为人生的真正基石，并从此开始神圣高尚的人生旅程。但是在座的诸位中有些人可能觉得，我把教育定义得太广，以至于教育变得模糊且不切实际起来。难道我们不应该拓宽我们的思维反倒限制我们的头脑？难道我们不应该以永恒为参照来衡量当下的机遇与职责？今天孕育着未来的一切。我们收获到的一切，不仅会让我们把明天的工作做得更好，而且会让我们把将来的所有工作都做得更好。真正的收获，甚至为了收获而付出的诚实的努力都会提高我们的素质，开阔我们的思维，使我们心胸宽广、意志坚定。

为了自我提高而做的每一份努力都会有助于我们逐步实现教育的最高理想。时刻把这个理想放在心里可以使我们更加明智，更加坚持不懈地努力奋斗。

现在，我们没有必要再仔细探讨教育的价值，因为教育的价值对于每个实事求是的人来说是显而易见的。有人曾经做过很有意思的计算：一块铁价值 5 美元，做成马掌就价值 10.5 美元了。倘若做成针，其价值就是 355 美元，而做成小折刀，那就是 3285 美元了。若是做成钟表的平衡器，其价值就达到了 250000 美元。这个令人吃惊的增值过程生动地说明了人在教育过程中的成长和进步。他经历了最初的生铁阶段，最终被锻造成为制作弹簧的钢铁。他不断进步着，随着思想与心灵的成熟，他的内在价值也在不断增加。

我还可以再探讨一下这个问题：教育应该如何完成？我

们应该如何在不同情况下利用我们的各种天赋和机遇来开启并推进这个进步的过程？不要忘记，这个过程不仅是智力发展的过程，仅学习知识和训练思维是远远不够的。教育必须面向人的各个方面。一个很重要的事实是，虽然并非所有人都会变得学识渊博，但是每一个人都可以接受真正的教育。生活就是一所大学，每个人都有机会在生活中有所收获。有些人可能永远也没有机会走进大学的课堂，但是如果你有勇气的话，你不会拒绝进入名为"生活"的大学里接受教育。倘若缺失了这里的教育，那么无论什么样的大学课程、何种级别的学位证书都无

法弥补这种损失。因为说到底，大学只不过是一个培养人才的途径而已，它或许是最省时也最实用的途径，但是对于人才培养来讲，大学不是唯一的途径。如果你有机会，就去读大学吧。但是如果你进不了大学，那么就抓住生活提供给你的每一个机会，好好利用，以便对自己进行思维与道德的培养。常见的教育手段是书籍、大自然和实践，这些不仅能够使你增加物质层面的知识，还可以使你从中得到锻炼并增长才干。知识与实践，即真理与能力，是每个受过教育的人所必备的。学习以及实践的第一个原则就是：勤奋努力是成长的必要条件。人是如何学会思考的？是在思考中学会思考的。就像小孩子蹒跚学步，走着走着就终于走得很稳当了。"你是怎么教会学生画画的？"曾有人问画家欧培[①]。欧培回答道："就像跟你教小狗游

---

① 欧培（1761～1807），英国画家。

泳一样，把它们扔进水里去好了。"除此之外别无他法。充分使用你的理性吧，最终你会拥有发达的理性，然后理性会转变为智慧与能力；充分使用你的头脑吧，多多阅读、多多观察并广博你的见闻吧，养成分析、判断、归纳的习惯；充分运用你的天资，寻找事物之间的因果联系，推断出结论，并用事实和定理来检验你的结论——这些都会使你的头脑得到充分的锻炼，就像做体操能够促进肌肉的增长一样，使你的头脑日益发达起来。如果可能的话，做一个比较系统的阅读计划，养成良好的阅读习惯，不要仅仅为了消遣而阅读。要读好书，读那些能够使你增长知识懂得真理并启迪你灵感的书，也用不着读太多的书，但是一定要读好书。最优秀的书是提高自我最优秀的教材。两分钟之内，我们就可以说出一系列的书名，这些书就足够让一个年轻人默默地钻研以便自我提高了，比如《圣经》。但是当你努力获取这些知识、锻炼头脑并培养理性和品位时，请别忘记了用纯洁高尚的情感来滋养心灵，用正确的选择来锻炼意志。你拥有多方面的能力，这些能力很可能尚处于萌芽状态。上帝给了你生命、才华，并向你显示他对你的眷顾。请谨慎诚恳地生活，时刻提醒自己，你来到这个世上并非只为了吃喝玩乐。让每一天都记录下你有价值的思考、有价值的选择和有意义的事情。倘若你意志坚定、坚持不懈，渐渐地，你的胸怀就会广阔起来，你的能力和智慧就会得到飞跃。你的奋斗目标，不是要模仿什么伟人，而是要尽可能真正地成为一个最优秀的人。教育将使你受益匪浅，而你也终会明白，教育需要你的巨大付出。金钱倒还在其次，你要付出更多的是艰苦的劳动和足够的耐心，此外你还要不断否定自己、改进自己。尽管生活有可能充满艰辛，甚至还有可能充满痛苦，但是如果你的知识、才干以及品德在生活磨炼之中不断增长提高，那么你的生活就是光荣的。

内心里的信仰往往能够化作追求真理的强烈愿望，这就体现出教育中的宗教因素。信仰上帝，信仰永恒，你的内心就会充满高尚而无法熄灭的力量。上帝是用爱而非恫吓来激励年轻人努力向上的。有人说"用你的全部智慧来热爱上帝"，也有人说"用你的全心全意来热爱上帝"，其实这两句话是一样的，表达的都是你对上帝承担的义务。信仰上帝，既要虔诚，又要充满智慧，这份信仰会化作源源不断地动力，推动你不断地全面提高自己，最后使你成为全面发展、心灵健全的人。在基督仁慈而有力的统治之下，你不由自主地就渴望提高自己并锻炼自己的能力。上帝的思想将使你的头脑变得丰富而深刻。上帝的爱将使你心胸开阔、心灵纯洁，让你的心灵生发出最博爱的仁慈和最高贵的情感。上帝的威严将锻炼你的意志，让你的每一次选择都符合高尚的美德，并使这些正确的选择成为你的习惯，最终塑造出高贵的品格，让你的心灵永远闪耀着圣洁之美。

【第九章】

惜 时

时间孕育着永恒。

——让·保尔①

充分利用每一刻，让点点滴滴的时刻融入无限的永恒。

——拉瓦特

人生苦短，可是我们却依然浪费时间使人生变得更短。

——维克多·雨果

我荒废了时间，现在时间也荒废了我。

——莎士比亚

昨天，从日出到日落，我不知不觉间荒废了两个小时，每个小时都有六十分钟，像六十颗闪亮的钻石。我不会因此而得到补偿，因为逝去的时间已经永远逝去了。

——霍拉斯·曼②

如果时间是世间最宝贵的东西，那么浪费时间就是最大的挥霍，因为失去的时间永不再回。我们常常说时间多的是，可到最后我们往往发现时间根本不够用。

——富兰克林

我们要谨慎处事，不要当蠢人，而要当个明智的人，好好利用时间，因为无所事事的时间里充满了罪恶。

——圣保罗

① 让·保尔（1763～1825），德国作家。
② 霍拉斯·曼（1796～1859），美国教育家。

曾经有一个旧习俗，人们会给死人的手里放上一个沙漏，这个沙漏里的沙子已经全部漏光了，而给活着的人手里放上一个沙漏，让活着的人看见沙子不停地漏下去就想起时间在不停地消逝。很多人一面拼命攒钱，保养身体，吝惜体力，一面却大把大把地浪费时间。浪费时间已成为一股社会风气，这从我们的习语中就可以看出，我们把"消磨时间"说成"杀死时间"。① 这是多么可怕的谋杀！让人觉得奇怪的是，若有人充分利用时间来思考一些高深的问题，或者做一些高尚的事情，或者增长知识和美德，人们反而会轻视这样的时刻，甚至会嘲笑这样的举动。那些意识不到时间可贵的人，总是谈论着该怎样消磨时间，因为整日无所事事的生活也确实让他们感到无聊厌倦。他们就像那位打盹的公主，没看见自己的珍珠项链已经

147

惜时

---

① 英语即 kill the time.

断了，正挂在船边上，船每晃动一次，就会有一颗宝贵的珍珠落入幽深的海里。我们为什么应该爱惜时间？因为时间就是生命，消失的时间永远不会再来。每一刻都带给我们无限的可能性，带给我们权利和义务，带给我们取得成就的希望。而就在我们思考时间为什么如此宝贵时，时间就——

正在消逝，成为过去中的一个片断。

所有的生命都可以浓缩进一个时刻，那就是"现在"，而浪费任何一刻光阴，就是在荒废一个生命。"热爱生命吗？"贫穷的理查说，"请不要消磨时间，因为生命就是由时间构成。""听我说，"德·昆西① 说，"往罗马漏壶里灌一百滴水，让这些水从漏壶里漏出去，就像沙子从沙漏里漏出去一样。每漏出去一滴水，时间就过去百分之一秒，也就是每一滴水代表着三十六万分之一小时。现在来数这些水滴吧，数到全部水滴的一半时，仔细看好了！四十九滴水已经滴出去不见了，而第五十滴水还没有滴落，或者说正在向下滴。那一刻，你就会明白，每一个瞬间是多么短暂，简直是无法估量的。而我们称之为'现在'的时刻，还不到水滴滴落那一刻的百分之一，要么就属于已经消逝的过去，要么就属于即将消逝的未来。"一

---

① 德·昆西（1785 ~ 1859），英国作家。

个军官向米切尔① 将军道歉，因为他迟到了一小会儿。他说：
"我仅仅迟到了几分钟而已。""仅仅几分钟而已！"那个将军
生气地说："我的习惯是以千分之一秒为单位来计算时间的价
值。"一个看似小小的延误就会输掉一场战役，从而改变一个
大陆的政治格局。拿破仑倘若能让行动再迅速一两个小时，就
会使滑铁卢战役成为法国历史上的一次骄傲，而不是成为英国
历史上的骄傲。

几年前发生了一件天文学上的大事，那就是金星经过地
球的表面。全世界各国政府还有很多人都非常关注这次事件，
因为倘若观测成功，那么多年的耐心计算就会得到验证，从而
所有的努力就会得到回报。不仅如此，还会使将来的天文学工
作更加精确。三五分钟的误差，甚至一分钟的误差，就会使所
有的期待变成泡影，这种损失是多少金钱、多少努力都无法弥
补的。

问问纽约天文台的纽科姆教授② 吧，问问他从科学的角度
如何看待时间的重要性。他会告诉你，我们现在还没有什么标
准可以充分估量时间的重要性。但是科学的视角不是最高的视
角，而时间在科学中的价值也不代表最高意义上的价值。生命
中最主要的乐趣来自道德与心灵，而其他方面都是生命的基
础。我们最应该关注的并非是知识或成就，而是我们的人格和

① 米切尔（1810～1862），美国南北战争时期著名将领。

② 纽科姆（1835～1909），美国天文学家。

灵魂的归宿。由此可见，时间具有一种超验的价值。通常只有当一切辛苦与欢乐都即将结束的时候，人们才会真正体会到时间的宝贵，才会懂得应该怎样珍惜时间。死亡之所以令人感到庄严而沉重，就是因为人们在弥留之际会回顾一生，并对死后的归宿满心疑虑，而这时，死亡的降临会令人们心智猛醒，了悟一切。就像一些预言书上说的，余下的时间越少，其价值就会越高，但是生命总会在某个时间中止。"我们都抱怨光阴似箭，"塞涅卡说："但是我们并没有很好地利用我们所拥有的时间。我们的时间要么就是被无所事事地消磨掉了，要么就是因为毫无意义的忙乱而浪费掉了。我们总是抱怨生命苦短，而做起事来却仿佛生命永无尽头。"

很多事情上，我们非常懂得节约，但是没有什么比节约时间更重要的了，也没有什么比节约时间更让人们感到无从做起的了。究竟怎样才叫爱惜时间？时间不能像金钱那样被储存起来。我们只能在时间的流逝中一点点地节约时间。因为时间的脚步永远不会为我们而停下来。我们花点时间用来娱乐，或者休闲放松一下，这并不一定是浪费光阴。身心的正当娱乐与休息恰好能够让我们更好地节约时间。"休息休息吧，"奥维德说，"休耕后的田地会结出更多的粮食。"

另一方面，工作也并非等同于节约时间。如果以牺牲必要的娱乐为代价，那么这样的工作就是对时间的浪费。该把工作放下的时候，人们常常勉强自己继续工作，于是时间就这样浪费掉了。那些毫无意义的工作，那些仅仅为了装装样子而做的工作实际上是挥霍时间，是对时间的严重浪费。有多少工作仅仅是让人们"在忙忙碌碌之中浪费时间"！干坏事就是在浪费时间。自私自利地活着就是虚度光阴。品行败坏是对生命的最大浪费。很多为赚取世俗名利或物质利益而付出的劳动，也是一种对时间的浪费，尽管这些利益并不与生命的主要追求相违，是正当且合法的。守财奴与那些花天酒地的人一样，都是在浪费生命。也有很多人，吃苦耐劳，吝惜时间，恨不能连觉也不睡，只要抢出点时间多赚点钱才好。可是他们却早早躺进了冰冷的坟墓，再也不能享受生命中的大好年华，这种损失岂是他们赚的那点钱能够弥补回来的？

　　节约时间的意思是按照身体、道德和精神的规律来合理使用时间。只有这样，人才能以上帝之子的身份实现自己的目标，并为灵魂找到归宿。弄清楚了这个节约原则之后，现在咱们来探讨这个问题：我们该如何节约时间？

　　我们可以通过以最佳方式利用时间来节约时间。时间是否被最佳利用了，这取决于人的生命具有怎样的追求。如果获得财富是最高目标，那么时间的最佳利用方式就是殚精竭虑地拼命赚钱和攒钱。但是金钱仅具有世俗意义上的价值，就算以时间角度来衡量，金钱的价值和效能都是有限的。此外，我们并非永远居住在这个世上，这个尘世里的生活不过就是为将来在另一个世界中的生活所做的准备而已。金钱，就像其他物质利益一样，其主要价值，甚至可以说其全部价值，都产生于它对精神的贡献。这个尘世，是人们追求梦想努力工作的地点，

而非人们最终的追求目标。这个尘世给了我们净化心灵的机
会，并且也是我们洗清原罪的地方，但是绝非我们最高理想的
所在。非常可悲的是，有很多人把这个尘世当作自己主要的利
益所在，然后赢得了这个尘世却迷失了自我，迷失了那个真正
精神的自我。而恰恰只有在精神的自我之中生命才能完成上帝
的旨意。我记得，三十年前，学校的教材里曾有这样的句子：

> 我要将世界出售！
> 挂上招牌，把过路人召唤到我这里来，
> 谁来买走这座别致的庄园，
> 让我那疲惫的心灵得到解脱？
> 买卖开始了！是的，我就是想，
> 去除掉灵魂中浮夸的矫饰。
> 我要卖掉它，不在乎换来的是什么，
> 此时此地，我正在把世界拍卖！
> 这个世界看上去是那么的华美——
> 啊，但是，这个世界却将我苦苦欺骗；
> 这个世界与它外表的模样是多么不同。
> 快来买啊！我不想继续拥有这个世界。
> 来吧，把它翻转过来，看仔细了，
> 我不会跟你漫天要价！
> 快来买啊，快来买啊！我必须将它卖出！
> 谁来出价？谁来买走这个富丽堂皇的、苦难的渊薮？

上帝才是我们真正的目标，为上帝服务才是我们真正的职责。我们利用时间的最好方式就是把时间用来完成上帝的意志。这样，此生之中我们就不是仅仅等待着获得永生。古老的神祇常常鼓吹我们必须为迎接死亡做好准备，但是我们最需要的是为迎接永生而做好准备。按照正确的方式过完此生是为迎接死亡以及死后的一切而做的最理性的准备。只要阻碍了灵魂的进步，使我们不能变得更加智慧、纯洁和无私，我们所做的一切就是在浪费时间。只要能使我们增长有益的知识和才干，能开拓我们的思维和胸襟，能激发我们高尚的理想，并使我们的生命在善良的行为中变得更加有意义、有价值，那么我们就是在节约时间。只要能够使灵魂得到升华，使生命变得更加平和，使悲伤不再那么煎熬，使罪恶不再那么猖獗，上帝的国度将因此而降临人间，那么我们的一切思考和言行都是在节约时间。适当的休息可以让我们恢复体力，适当的娱乐可以让我们的头脑更加清爽，适当的沉思默想会使心灵结出圣洁的思想果实；反观，自省有利于认识自我，并激发出进一步提高自我的热情，忍耐会使英勇的行为变成习惯——所有这些都是我们度过光阴的最好形式。

如果生活目标是正确的，那么我们就没有必要再格外考虑如何利用好上帝给我们的时间。我们可以在简简单单的日常生活中充分发挥我们的能力，而文明的进步常常会带给我们发掘潜力的机会。对于认真踏实的人来说，生命的宝贵是难以用价格来衡量的。我们倘若思考一下我们应该做些什么，应该成为什么样的人才能为全人类乃至为上帝做出一份贡献，那么我们马上就会感到时间是多么宝贵，生命是多么短促。但是，"长"与"短"这样的说法对于生命与灵魂来说没有什么意义。

> 支撑生命的，是行动，而非时间；
> 滋养生命的，是思想，而非呼吸；
> 度量生命的，是情感，而非钟表盘上的数字。
> 时间的长度，应该用心跳来计数，
> 只有深广的思想、高贵的情感和正义的行动，
> 才能使我们没有白来这世上一次！

那个古怪的老头托马斯·福勒曾经说过一句颇有道理的话："好好生活的人就是活得长的人。时间倘若没有被好好使用，那么那段光阴就是被虚掷了，就如同你压根不曾存在过。"

我们可以通过掌控时间来节约时间。当然，通常来讲，这很难做到。为了养家糊口而辛苦工作的人们并没有多少时间可以自主支配。但是即便这样，我们也不能完全放弃对时间的把握，不能让时间花费在毫无意义，甚至邪恶的事情上。如果你把时间以一定的工资价格卖给了雇主，那么你一定不要对以卖出的时间完全不闻不问，不能允许雇主安排你做浪费时间的事情。我知道有些人的确遇到了暴君式的老板，整天被逼迫着像机器一样拼命干活，其实这种做法即使没有违反人类社会的

法律，也是对上帝的法律的践踏。但是我也知道，还是有人为自己争取到了生命的尊严。我曾很多次满怀悲伤和愤怒地听人们控诉那些老板是怎样贪得无厌，而他们自己又是怎样为生活所迫，于是就在老板的命令下干起了欺瞒良心和玷污情操的事情。

我们希望自己的生活变得勤奋而且高尚，但是我们面临着这样一个难以解决的问题，那就是：怎样才能把穷苦人从企业的过度压榨中解放出来？诚然，正如所有人所痛骂的那样，"企业是没有灵魂的"。但是我们心里都非常清楚，那些企业早晚有一天会自食其果，而且到那时候，公众的良知将更加是非分明，上帝也不会无动于衷，定会严惩那些榨取同胞血汗从而谋得不义之财的人！

每个人都有责任好好把握自己的时间，不让生命浪费在对金钱的追逐和对魔鬼的膜拜上。即便挨饿，也总比当奴隶强。那些人向我们许诺他们会带来进步，而这样的谎言有时的确能够迷惑私欲膨胀的人，还能够买通他们的良心。但是，不要理会这些信口雌黄，我们绝不能为了物质利益而出卖我们的人格。

为了维持生计，我们必须工作，但是工作之余，我们还有很多时间可以好好利用，虽然这些时间常常是零散的。苏格兰有一句俗语："一小份一小份地攒起来，就成了一大堆。"大文豪或者大学教授之所以能够妙笔生花、学富五车，就是因为他们充分利用了别人毫不珍惜的零碎时间来刻苦学习。威廉·马修教授在他的大作《立身处事》中，列出很多伟人的名字，告诉读者这些伟人如何充分利用零散的时间完成了大量工作。"比如富兰克林，"他说，"他的学习时间是从吃饭睡觉的时间中挤出来的。而且很多年来，他也是靠着顽强的毅力，用挤出来的时间完成了他的著作。亨利·克尔克·怀特利用上下班路上的往返时间学会了希腊语；当休·米勒还是个泥瓦匠的时候，他就挤出时间来读书写字，并逐渐形成了独特的写作风格，最终成为当今文坛上最多产、最了不起的作家；伊莱休·布里特精通十八种语言以及二十二种方言，但是他说这绝非因为自己是个天才，而是因为他在当铁匠的时候一直坚持抽时间学习；格罗特先生是希腊史学家，他的研究成果是该领域里迄今为止最深入、最可信的，但他本是个银行家，他是一边工作一边挤时间进行研究，这样才完成了整整两卷的关于柏拉图的专著。"我想我不需再引用更多的例子了，大家已经明白应该怎样充分利用零散的时间。几乎所有人都能在一天当中挤出几分钟时间来好好充实一下自己。每天花上半个小时用来读书，那么一年之内你就可以读完二十本好书。而我想，你们中多数人还从没有读过这么多书。既然每天都能找到点时间搞点有益的阅读，那么也应该能够挤出一点时间来提高宗教修养。只有通过节约分分秒秒的时间，你才能不断积累知识增进智慧，而你的一生能否幸福，能否过得有价值正是取决于此。

　　还有每个人都能够挤出时间来帮助别人，比如帮帮邻居，对别人说点同情或鼓励的话，这些举动会多么深刻地温暖并鼓舞我们周围的人！"生命并不短暂，"爱默生说道，"我们有足够的时间来热情地对待别人。"无私地帮助别人会花去你一部分时间，但那不是浪费时间，而是节约时间。这样的付出从不会使人们贫穷，而只会使人们更加富有。

假设一个邻居想在你家的炉子上点燃他的蜡烛，难道会因为分给了别人一点火焰就减少了你的光明？

的确，几分钟的时间，就好比金子的粉末，不太值钱，也没法利用，甚至压根就毫无价值，但是金匠铺子里扫出来的粉末足以打造出一顶国王的头冠，并且这头冠与用一大块金子打造出来的没什么两样。在费城，铸币厂的地板上全部都铺着一层格栅。每隔一定的时间，这个格栅就会被抬起来，地面上散落的、不容易被看见的金屑就会被收集起来。铸币厂的一个员工曾告诉我，许多年前，有个工人被发现鞋子底下抹了很多黏合剂，还发现他用这个办法收集并运走的金子数量大得令人难以置信。如果我们能够收集起那些闪亮如金子般的点滴时间，而不是浪费掉，那么我们将有多么大的收获，而这些收获都是问心无愧的！好好把握时间，见缝插针地利用工作之余的时间，就是最好的节约时间的方式。

磨刀不误砍柴工，为今后的事业打下坚实的基础也是节约时间的好办法。我们生活在一个人人都行色匆匆的时代。一个世纪甚至半个世纪前的悠闲生活几乎已经从西半球彻底绝迹了。休闲的艺术已经成为被遗忘的艺术。现在的人们都在忙着赚钱，忙着学习、忙着享乐、忙着做一切事情，唯独心灵的成长是缓慢的。我们现在所享有的假日少得可怜，即便有那么几天假日，也要急急忙忙地寻欢作乐。我们正在逐渐失去我们的安息日，因为在很多地方，工厂喷出的黑烟时时刻刻笼罩着我们的上空，从周一到周日，没完没了；那些四处穿梭的小汽车不停地冒着尾气，白天黑夜，一天也不停歇。这种匆忙的生活使得人们身心疲惫，人们做的工作就像现代建筑一样，数量庞大，但是工艺粗糙，根本不具有永恒的价值。建筑者与建筑物一样，生命力都被削弱了一半。这是过度匆忙的生活节奏和工作节奏必然招致的报应。人们满脑子贪欲，疯狂工作，过早地消耗掉了男人的力量与女人的优雅。在死者的床前，人们鸦雀无声，只听得诗人像先知一样发出阵阵哀叹：

> 哦，大地，充满了可怕的嘈杂！
> 哦，人类，话语中带着哭泣！
> 哦，诱人的金子，在哭泣者身边堆成了小山！
> 哦，争斗，必然在金子边展开！
> 上帝会用沉默的剑将你们击穿，
> 然后让你们从此安息长眠！

慢慢地，我们明白了一个道理，匆忙等于浪费，既浪费了生命又浪费了财富。人们可以在一天之内用硬纸板拼一个房子，但是人们无法构筑出一个坚固得能够经受住时间考验的框架，也不能塑造出能经受住上帝审判的健全的人格，除非人们愿意像上帝那样把橡果培育成粗壮高大的橡树。让时间来慢慢地把一切精雕细刻。

打基础的时候匆匆忙忙，这可不是什么节约时间。很多年轻人急于完成需尽其一生才能完成的工作，结果给自己造成了无可挽回的伤害。有的人想成为律师，心情迫切，想早早地开创事业。他不愿读大学，因为那太费时间。于是，没有经过什么训练，就满怀艰苦奋斗的高尚理想匆忙上阵了，最终变成了一个吹毛求疵的人；或者历尽挫折终于明白自己最需要的是扎实深厚的基础，于是刻苦奋斗了好多年之后才最终成为举足轻重的大律师。另外，有的人想成为内科医生，有的人想成为机械师，有的人想成为记者。那些不谙世事的年轻人，年纪太小，尚不能为自己的将来做明智的选择，而父母也忙于工作不能替他们做出选择。于是，他们浪费掉的不仅仅是时间，而且还浪费了太多其他方面的东西，因为他们急于求成，过早地从事他们尚没有能力从事的工作。新伐下的木头会缩水，在没经过干燥处理之前就用来盖房子，房屋会裂开大缝子，从而大大影响了房子的美观和坚固的程度。泥浆尚未调和好，就匆匆忙忙地用来盖房子，那么日后就得不停地修补，还会为此花上一大笔钱，否则房子就会很快垮掉。

记住，为了今后更好的开创事业而花费些时间锻炼自己，多学习点知识和本领并不是浪费时间，而是节约时间。

如果你有从事神职工作的梦想，那么就去实现你的梦想

159

第九章

惜时

吧。但是要记住，若想实现这个梦想，首先要做好认真而扎实的准备。如果你梦想着从事教育，那么就花费些时间训练自己，让自己拥有渊博的知识和过硬的教学能力。如果上帝想把一个重要的使命交给一个人，那么上帝不会挑选那些无知的未经受锻炼的人。越是意义重大的工作越需要我们做好充分的准备，而做好充分的准备就是真正的节约时间，这是一个适用于所有重要职业的基本原则。

确立一个清晰的目标，然后为实现这个目标投入全部精力，这样做也是在节省时间。

如果你希望自己拥有一个高尚而有建树的人生，那么明确生活目标，并为之付出不懈的努力就是首要的先决条件。很多人直到中年，甚至更晚的时候才找到适合自己的工作；或者早已找到了，却缺少坚忍不拔的精神，不能为实现理想而持之以恒。同时，人们浪费了大量时间和精力，不切实际地尝试并不适合自己的工作，最终落得抑郁无助且无所建树。尽早选择好适合自己的工作，然后就全力以赴地追寻自己的梦想，这样才能为自己节省大量时间。

最后，今日事今日毕，这也是节约时间的好办法。每一天我们都会迎来新的机遇，来为社会、为他人做点事情。做事拖拉会消磨掉我们的才干、幸福以及时间。此时此刻，就在你我的身边，就有人正在渴望得到我们的温暖和关怀。"现在"就是最合适的时间。今天的伤要在今天治好，免得明天疼痛难忍。心里有真诚的、善意的话就要趁今天赶快说，免得明天追悔莫及，因为人已逝去，有谁来听那些迟到的赞美和同情呢？行善要趁现在，因为现在行善，你的品格和影响就会随着你的善举得到弘扬，这会使你的善举更加弥足珍贵。人们常常计划等到自己去世后就捐出一笔巨款，却在活着的时候浪费掉做出更大善举的机会。与其死后散财，不如生前就乐善好施，使得自己的慷慨变得更加有意义。我们不仅应该尽力完成好自己的职责，还应该与人为善、热心待人，唯此才能升华我们的心灵，也唯此才是真正的珍惜生命。我们总要等到同伴去世了才想起来赞扬他。死亡会令活着的人觉得难以再苛责死者，却令死者身上从不曾被注意到的美德突然在活着的人眼里大放光彩。只有等到身边的人离开我们，再也听不到我们的批评或赞美，我们才真正理解了他们——这是多么真实的描述！有多少真诚的心因为受到轻视而变得心灰意冷，有多少热情的双手因为没有得到及时回应而难地过地缩了回去。我们注视着彼此的面庞，却看不到对方的心灵。最勇敢、最优秀的人往往最不愿表露内心，也最不愿说出心里的愁苦，他们平静地迎接着我们的注视，仿佛并不想向我们倾诉任何烦恼或忧虑，却暗自里流下酸楚的眼泪，忍受不能倾诉更无法得到抚慰的煎熬。就好比战场上的战士肩并肩地倒下，可是每个战士却并不了解身边的战友也正忍受着同样的剧痛。同样，人们在辛苦工作的时候，在为事业而奋力拼搏的时候，常常会忽略那些近在咫尺的人，没有想到他们心里可能会怀着怎样的苦痛。诚然，我们应该热爱并赞美死亡，但是我们也应该热爱并赞美生活。难道天地间会有这样的不可更改的规定，不许我们慷慨仁义地善待我们身边的兄弟姐妹？难道只有死亡才能消弭人与人之间由无知、私欲，甚至一些毫无意义的社会习俗构筑的隔阂吗？有多少次，只要一句鼓励，一个希望，就可以挽救一颗濒临绝望的心。然而，人们迟迟不说，直到冰冷的棺材永远地封住了人们本该说出的温馨的字句。哦，我的朋友，抓住眼下的时刻，说出安慰的话、希望的话、欣赏的话和赞美的话吧！抓紧时间做你现在应该做的事情吧！如果你亏待了别人，那么今天就来纠正自己的错误吧；如果你犯了罪，那么今天就忏悔吧；拖延就是浪费时间，行动才是节约时间、节约生命。

如何节约时间？要回答这个问题，首先得回答另外一些问题，那就是：你的时间属于谁？是谁把时间给了你？谁拥有使用这些时间的全部权利？承认上帝的权利是真正做到节约时间的首要条件。

向上帝祈祷吧，因为他在倾听，灵与灵就会相遇。

上帝比你的呼吸还更加贴进你，比手与脚的关系更加亲密。

162

【第十章】

仁

爱

如果世界充满了仁爱，那么这个世界将变成天堂，地狱就会成为一个虚幻的传说。

——科尔顿①

你会发现人们即使身无分文也愿意做个乐善好施的人。

——西德尼·史密斯②

一名托斯卡纳③海岸警卫队员向政府报告，海岸上刚刚发生了一起悲惨的海难。他说："尽管我竭尽全力用我的哨子向船上的人发出信号，试图营救他们，但是很遗憾，第二天我还是看到很多尸体被冲到了海岸上。"

——佚　名

即便对方毫无仁爱可言，也向他伸出仁爱的手，这是最高境界的仁爱。

——巴克敏斯特④

一个人若是不肯谅解别人，那么他就等于拆毁了自己的桥，因为人人都需要得到谅解。

——赫伯特

---

① 科尔顿，美国著名牧师。

② 西德尼·史密斯（1771～1845），英国神学家、散文家。

③ 托斯卡纳，意大利的一个民族。

④ 巴克敏斯特，美国著名学者。

"仁爱"，这个词使用起来非常感性，使人产生很多联想，这个词依然保留在英语词 amorous（性爱的，含情脉脉的）里。"如果我能够用人类和天使的语言讲话，但是却没有爱，我就不过是一个叮当作响的铜锣或铙钹罢了……仁爱的心会让人长久地感受到痛苦，但却非常美好……爱从不失败。"这句话体现了深层次的精神内涵，是人类正在逐渐学习的真理。真正实践爱的人与上帝最为接近。圣保罗说过："爱他人的人是从上帝而生的，是懂得上帝之道的人。不爱他人的人不懂得上帝之道，因为上帝就是爱。"践行神圣的爱的能力是人类终将获得不朽性的最明确、最深刻的见证。凡是属于上帝的，就不会死去。热爱他人的心灵分享了上帝的永恒。

　　我们现在要思考一下爱的特殊方面和表现。比如，思考一下我们日常生活中与同胞们的关系，思考一下蕴含在其中的具有实际意义的爱，我们对他人持有的观点，我们对他人说出的话语，以及我们做出的行为会对他人的处境和品格产生怎样的影响。关于爱的特点，我讲的话不可能比圣保罗在《哥林多前书》中第七首诗里所讲的更加深刻精辟："仁爱的心宽容一切、相信一切、希望一切、承担一切。"

仁爱的心宽容一切。"宽容"一词出自希腊语，意思是"覆盖"。它的名词形式的意思是"屋顶、覆盖物"，还有常见的意思"屋子、棚子"。我们发现它的动词形式在古希腊语中的意思是："覆盖、遮挡""挡开、避开"，以及"承受、支撑、挺住"。倘若深层次地理解这个词，那么我们就会明白"仁爱之心宽容一切"这句话的意思是：仁爱之心覆盖、保护并支撑一切。仁爱之心意味着为满足人们的物质需求而慷慨施舍，虽然这样的行为无疑是一种乐于助人的仁爱之举，但是在许多人看来，这些说法都太模糊无力，因为这些话是彼此割裂的，没有与行动结合起来。因此，人类的爱仅仅成为一种精致脆弱的情感而非具有明确目标的热情。当我们满心悲悯的时候，我们觉得自己热爱所有人。我们愿意随着特伦斯①一起大声宣布：我是人，人类身上的一切我都具有。但是当我们处于人生的某种特殊境地之中，评价某个具体的人的时候，比如约翰·琼斯或者理查德·史密斯，我们会发现自己远远没有把这份善良宽厚的情感落实到行动中去。我们的悲悯仅仅是一种感

---

① 特伦斯，古罗马喜剧作家。

伤的情绪。据说欧仁·苏[1]有一次在路上被一位衣衫褴褛的妇女拦住，她请这位作家给自己点救济，因为她实在太穷了。苏断然拒绝了，想继续走路，但是这位妇女不让他走，一副可怜相，唠叨着自己多么需要他的帮助。苏再次拒绝了她的请求，并且这一次的态度非常生硬。可是那个女人还是纠缠不休，这下苏真生了气，转过身呵斥她，让她快点滚开，否则他就会把她送到警察局。这时，这位妇女不再祈求，而是换了一种异常冰冷而愤怒的语气问，他到底是不是那个大名鼎鼎的为穷苦人说话的作家欧仁·苏？是不是那个在书里用生动而悲悯的语言描写被社会抛弃的人们的不幸与苦难的人？听到这个妇女竟然用这样的语气讲话，并且语言一下子变得这么文雅简练，欧仁·苏不禁大吃一惊，问道："你到底是谁？"她回答说："我就是……夫人"。原来她在巴黎社交界非常有名，欧仁·苏曾当着她的面吹嘘自己的心地是多么仁慈。紧接着，那位女士迅速走开了，只留下这位大作家满脸羞愧地站在那里懊悔自责。的确，语言上的仁慈、博爱是很容易做到的，在书里悲天悯人一番也不是什么难事，纸上谈兵地慷慨善良一下也没什么稀奇。但是人性中真实的爱，指的是在面对具体人的具体需求时，能够以实际行动和话语来表达自己的仁爱。"如果兄弟姐妹没有穿的，没有吃的，你们中有个人光是对他们说：'走路

---

[1]　欧仁·苏（1804～1857），法国小说家，是欧洲最早注意描绘下层社会的作家之一。

要稳当些，注意保暖，要吃饱肚子'，可是什么有用的东西都不给他们，这又有什么用呢？"仁爱，就像信念，如果不落实到行动中去，就是毫无意义的。但是真正善良、仁爱的人不仅满足同伴的需要，还宽容他们的弱点和错误。爱多少带着点盲目，但却是很聪明也很温柔的盲目。爱会使人懂得为别人隐恶扬善，而不是让人家的过错暴露在光天化日之下。善良的人总是充满善意地遮掩别人的愚蠢和罪过，透过别人表面的罪过寻找其内心深处的闪光点，并且出于高尚的仁爱之心。对于罪犯，他只会为他遮掩而不会咒骂。

　　某些人有着非常冷酷的天性，总是喜欢寻找别人的罪过，并大力宣扬。这是能够证明其人性堕落的最可怕的证据，即对恶所怀有的欲望。那些心理阴暗专门追腥逐臭的人总是时刻准备着寻找别人的缺点和错误。他们虎视眈眈地盯着别人，力图在别人的言行之中寻找出污点。他们武断地判定别人一定会犯罪，装模作样地表示对别人的堕落感到厌恶和痛心，实际上心里却乐开了花。"对不起，"他们会说，"但是我早就预料到了。我早知道那个女的根本就不是表面上的那回事。我早就想到那个男的是个靠不住的家伙。"那些专门找别人毛病的人一旦看到别人的错误被曝光，就立刻破口大骂，从不为那个犯错的人说一点儿好话，连一点儿同情心都没有。就像人们常说的恶狼，看到同伴受伤，就猛扑过去，三口两口就吞个精光。因此，人们常常对那些经受不住诱惑而犯罪的人表现出狼一样的凶狠。与这种既是自然本性又不是自然本性的行为相对立的是宽容一切的仁爱之心，这样的仁爱之心从不轻易判定别人的错误，却总是掩护别人，使其免遭旁人的严厉指责；这样的仁爱之心会替犯错的人辩护，直到最后这个人实在无法原谅，并受到"正义"的惩罚；这样的仁爱之心不会混淆是非。实际上，没有什么比一颗深沉而温柔的心更能使良心保持敏锐，使道德保持警醒的了。上帝之所以是绝对公正的，正是因为上帝的心是绝对仁爱的。仁爱之心也不会软弱地沉迷于罪恶之中。心理阴暗的人会这么跟你说，人之所以宽以待人，是因为他自己也会犯错，他不希望到时候受到打击报复，但是这些话反过来看也是颇有道理的。人们虽然做不到宽以待人，可也同样做不到严于律己。伪君子们总爱朝别人扔石头来羞辱别人，却极少看到自己的过错。

真正的仁爱之心是不会因为反对邪恶就使自己面露凶狠或心怀恶毒的。耶稣可以被钉死在十字架上，但是他不会因为受到鞭打、折磨或诽谤就失去对人类坚定的爱。那些紧紧追随上帝的人，其纯净而善良的信念最执著不可动摇。

仁爱之心相信一切。这并不是说仁爱之心会让人容易受骗，而是说仁爱之心不会使人奸诈多疑。仁爱之心使人相信别人的善良，而恶总是比善更加刺眼，就像痛苦比欢乐更容易令人刻骨铭心一样；仁爱之心使人即便身处险境也会充满信心地相信善的存在。仁爱的人不会因为一些现象就轻易对人对事做出恶的判定。一个自私的心灵总是乐于在别人的行为中看出坏的成分，并无端地猜测别人怀有邪恶的动机，而仁爱的心灵总是乐于发现别人的高尚，总是能够透过别人表面上的错误行为看到美好的善良。仁爱的心信仰上帝、信任他人，这并非盲目或愚蠢，而是天性中就渴望善良，坚信正义的力量一定大于邪恶的力量。对人类失去信念的人不会保持对上帝的信仰。因为人类，无论带着怎样的缺陷，无论曾经怎样可悲地堕落，毕竟来自上帝的创造，体现着上帝的爱，是上帝想要拯救的对象。当耶稣对他的门徒说"相信上帝，相信我"，这就等于在说："相信神的完美，相信人类终将完美，因为神与上帝是合一的。"

"仁爱之心相信一切，"这句话的意思并非是说仁爱之心会使人失去判断力从而容易上当受骗，而是说要相信每个人的心灵里都埋藏着善良的种子。当人们看到同伴受到严厉的惩罚时，看到他们受到诱惑而苦苦挣扎时，或者看到他们坠落至可悲的错误与邪恶中时，仁爱的心会使人们说出这样的话："我相信那个人，我相信他内心里更愿意成为一个好人。我愿意帮助他，给他带来希望。"自私的心灵对人充满无比阴暗的仇恨："倘若没有确凿的证据证明那个人的诚实，那么就一定把他看作一个骗子。"恐怕这就是"世俗的智慧"，但是这种所谓的"智慧"来自于魔鬼。而仁爱之心则会说："把每个人都当作兄弟，相信他，让善克服恶。"

仁爱之心对一切充满希望。仁爱之心不仅对现在充满信念和耐心，而且对未来也满怀希望。仁爱之心使人充满乐观精神，即便身处各种冲突矛盾之中，也相信善的存在，并且勇敢而快乐地期待着云开雾散、乾坤朗朗的那一天。仁爱之心对上帝充满希望，因为对上帝的创造物也充满希望。

> 我的希望就在于——
>
> 阳光，将刺破厚重的乌云，
>
> 扫清最幽暗的阴霾。
>
> 一切终了之时，
>
> 万物将复归太始之初；
>
> 罗盘尽管巨大，
>
> 指针必将回归起点。
>
> 幸福的开端，
>
> 定不会终结于苦厄，
>
> 一旦蒙受过上帝的祝福，
>
> 定不会背负，
>
> 永世不得洗清的罪愆。

　　这个希望并非空泛不实或者懵懂模糊，它表达的是对于人类终将进入正义与和平的黄金时代的明确信念。这个希望非常具体，目标也非常明确。内心充满仁爱的人对于全人类充满了希望，同时也对自己所熟识的具体的人充满希望，相信犯错的人会看清自己的错误并改邪归正，还相信弱者终将变强，坏人终将浪子回头，转而追寻智慧、健康、高尚而美好的灵魂。爱会使人关注别人的经历和潜能，让人们把自己的生活与他人的生活交织起来。爱能够真正使全人类融为一体。这样，善良的思想家们将看到自己的梦想已经不再抽象而空幻，这个梦想依然融入他们的思考、情感乃至行动。信仰基督教的人内心里珍藏着的希望，既是为自己而保留，也是为他人而保留。珍藏着这样希望的人，他的人生也将因为这希望而发生改变。爱使人们的信仰不再狭隘僵化，使人们改变对他人的看法，使人们变得胸襟宽广，因为爱消除了人们内心中的偏见和憎恨，爱使人们的话语变得温暖友善，使人们更加聪明、善良、幸福。并且，爱能够激励人们为了实现梦想而行动起来。

世人会用这样的口吻议论堕落的灵魂："他迷失了，他无可救药了；随他去吧。"但是爱却会让人这样说："不，希望仍在，因为生命仍在，上帝仍在，我信赖上帝。"这个世界充满了教条和偏见，仁爱的心只关注那些被抛入最底层的人，宽容他们，相信他们，并对他们充满希望。

仁爱之心隐忍一切。这句话表现着爱的坚韧。当一切都失去的时候，这是爱最后坚守的堡垒。当人们没有力量再为别人遮掩过错的时候，当人们似乎无法继续坚持信仰的时候，当人们看不到任何希望只能绝望地挣扎的时候，仁爱的心使他们坚韧不拔，顽强地保持心灵的愉悦，平和地支撑着自己的身心，让自己走完最后的路程。倘若不能像上帝那样爱人的话，人永远不会懂得坚忍不拔是什么意思。上帝之所以能够如此隐忍，秘诀就在于爱。但是隐忍一切绝不意味着对爱的对象失去信念和希望。只有对一切都充满信念和希望，人才能做到隐忍。心灵倘若得到信念和希望的支撑，就能够做到坚强而隐忍。因爱而隐忍，与阴森的斯多葛精神完全不同。这种忍耐精神是光明的，它的力量源于一颗温柔的心。仁爱使人能够宽容别人的错误和冒犯，以及别人种种可厌之处，并且绝对不会因为受到邪恶的干扰而偏离善的方向。或许，这就是最高贵的品格——充满隐忍的善。一个人尽管非常高尚，却可能被生活中的丑恶所吞噬。看到同伴内心邪恶毫无信仰，他可能会变得严厉而尖刻，但是倘若他的正直品格生发自一颗美丽而充满生机的仁爱之心，那么他内心里的善将是无法战胜的。

为了不让别人误以为我们在不切实际地夸夸其谈，我们现在就从一个比较具体的有实际意义的角度来探讨一下这个问题。仁爱需要用行动来证明，而不能仅仅停留于空想与理论之中。我们每日要与各种人交往，他们性情各异，观点不同。我们经常会碰到那些让我们感到乏味、恼火甚至厌恶的人，可能这里既有他们的原因也有我们自己的原因。如果这完全是由他们的过错造成的，我们就完全可以本着仁爱的心，耐心而灵活地与他们和睦共处，要么和他们亲密无间，要么就与他们保持一定距离。可是事实上，我们常常与他们发生摩擦，并为此苦恼不堪。空气里到处酝酿着敌意、冲突、蔑视，甚至仇恨。他们一旦找到性情投合的人，也摆脱不了自私的心态，马上密切交往，让感情像芦苇那样疯长，根本就没有慢慢了解和熟悉彼此的过程。只有爱可以平息生活中的浊浪，让人们内心里绽放出热情与善良的花朵。如果我们只考虑人们的思想观点和思维习惯，我们就会发现宽容的美德可以通过训练来培养，并且有很大的进步空间。人们会仅仅因为在某个纯粹的理论问题上观点不一致而产生敌对情绪。如果我们认定自己是正确的，我们就很难理解那些不接受我们观点的人竟然也有可能是正确的。他一定是错的，而我们则必须宣布并辩护自己的观点，这简直就等于是在向对手澄清真理。哪个与我们有分歧，就是与真理有分歧。于是，分歧变成敌意，变成冲突，可是很可能双方都是错的，或者双方都仅仅站在自己的角度看问题，得出片面的结论，就像寓言故事里摸象的盲人。就好比，一个人说，隔在两人中间的盾牌是金的，而另一个人却说是银的。两个人为此打了起来，并动了刀子。当他们两败俱伤都吃了亏之后，突然发现原来盾牌的一面是金的，而另一面则是银的。就观点而言，他们都是既对又不对；就心灵而言，他们都是大错特错。心地仁慈的人，一方面坚持自己的信念，另一方面也不拒绝用更高层次的知识来检视自己的观点，并且尊重别人的观点，同时还能耐心温和地对待他们的错误。他的心灵不会因为在辩论的竞技场上一展身手而洋洋得意，而是宽广的胸怀包容各种不同的意见和观点。这并非是让我们纵容邪恶，或者不顾及真理的纯洁性，因为正义与真理是头等重要的，但是我们也要对犯了错的人心怀仁爱。爱会把某种思想与持有此种思想的人区分开来，比如加尔文，他尽可以谴责塞维塔斯① 的"异端邪说"，却不应该把塞尔维特推向火刑柱，甚至连报复他的念头都不应该有。

只有宅心仁厚的人才有资格品评别人的品德。如果我们心灵高尚，我们就不会草率断定自己的同伴内心邪恶。即便他们真的犯错，我们也应该温和对待，不要嘲笑他们，更不要用嘲讽来羞辱他们。我们不要急于断定别人怀有阴险的动机，我们应该想到人人都会有弱点，不要让那些指责的话脱口而出。下面的话是圣人给我们提出的建议，我们可以把它当作座右铭："敏于听闻，讷于言辞，缓于嗔怒。"这正是法官所应具有的性情与态度。"拯救一个人要好于毁灭一个人。"这些话的适用范围比我们想象的要广得多。你的一句话可能会如同一颗子弹一样具有杀伤力，而毁掉一个人内心里的希望和勇气要比剥夺他的生命更加令人悲伤。我们很少有人意识到自己在谈论别人时说出的话会对他们产生怎样巨大的影响。小孩子时刻接受着我们的影响。我们对孩子们的评价和看法常常会影响到他们今后一生的品行。即便成年，他们也深刻地接受着这种影响。别人短短的几句话，就可以让他们信心倍增或者灰心丧气。很多在逆境中拼搏的年轻人之所以能够取得最终的胜利，就是因为受到了别人的激励和鼓励。倘若一个人坚定地相信这些话："有个人对我充满信心，有个人非常关心我，有个人认为我会

① 塞维塔斯（1511～1553），西班牙医学家、神学家，因其对血液循环的研究而触怒了当时的宗教权威加尔文，后被处以火刑。

第十章

仁爱

成为一个诚挚高尚的好人，"那么他怎能不意气风发、信心百倍地发掘自己所有的聪明才智并努力培养自己的高尚品德？

今晚，一定有很多人正被囚禁在监牢里，甚至已经进了坟墓，但是他们渴望听到这样的话，渴望得到这样的温暖；他们渴望得到能够宽容一切、相信一切、对一切都充满希望的爱。

仁爱不仅应该体现在语言里，还应该落实到行动上。一个不善良的行为就是一个邪恶的行为，常常会对别人造成严重的伤害，而且这种行为通常包含着卑鄙和懦弱的成分。真正勇敢的人从来都不冷酷，因为勇敢并非仅是胆大的意思，还包含着道德意味，其内核恰恰是像女人一样温柔善良。有很多男人非常瞧不起女性气质，甚至忘记了只有充满爱的心灵才会使男人拥有最伟岸的气概、最强大的力量与勇气。年轻人总是误把温和当作软弱，有时甚至因为担心自己缺少男人气概而耻于表达自己的善意。他们最好能够记住这样一句话：所谓绅士，就是温和礼让的人①。托马斯·德克②对耶稣的描述包含了非常深刻的道理：

有史以来的第一位绅士。

---

① 原文是 the gentleman is the gentle man.
② 托马斯·德克（1570～1641），英国剧作家。

没有了仁爱之心，强悍就变成了冷酷，无所畏惧就变成了凶残。倘若没有爱，任何美德都无法存在，因为最高境界的爱是所有美德的总和。

有一个问题是我们无法回避的，尤其此时此刻，当我们即将迈入新的一年的时候。这个问题就是：我们在日常行为与语言中可曾给我们的同胞送去过温暖和关爱？毫无疑问，我们如何回答这个问题，就是最终判断我们生命价值的重要依据，因为我们对人类的爱有多么深切，我们对上帝的爱就有多么深切。请大家回忆一下，黎·亨特① 的诗句是多么美好！

> 亚博·本·埃德海姆（愿他的部落发展壮大！）
> 一天夜里，从睡梦中醒来，
> 看见月光照进房间，
> 像含苞待放的百合。
> 月光下，一位天使正在写字，
> 写在一本金子做的书上：
> 夜的宁静让本·埃德海姆变得勇敢，
> 他对屋子里的天使说：
> "您写的是什么？"天使闻声抬起头，
> 眼神中带着亲切的仁爱，
> 回答说："我在记录热爱上帝的人的名字。"

---

① 黎·亨特（1784～1859），英国诗人、评论家、小品文作者。

"里面可有我的名字？"亚博问道。

"不，里面没有你的名字，"

天使答道。亚博的声音低落了下来。

但是，心里依旧充满希望，继续说道：

"我现在向您祈祷，然后就把我算作热爱同胞的人吧。"

天使写了些什么，然后就消失了。

第二天晚上，天使又出现了，这回的月光更加明亮。

那本书上写得一清二楚，所有热爱上帝的人都被记录了名字。

哦，本·埃德海姆的名字竟然出现在第一位！

"一个连眼前的兄弟都不爱的人，怎么可能热爱从来都不曾见到过的上帝！上帝曾给我们订下如此的戒律：爱上帝之人必爱自己的手足。"没有对人类的热爱，就不会真正产生对上帝的热爱。并且，"唯一与对上帝的热爱背道而驰的是对自己的热爱"，也就是自私自利。这其实概括了耶稣的教诲："这两条戒律"——全心全意地热爱上帝和爱邻人就像爱自己——"是全部律法和预言的基础"。如此，宗教与广博的爱就被结合起来，形成一个神圣的纽带。既然有上帝亲自加入，人类就更不应该分崩离析。

我们怎样才能获得这样的仁爱之心，获得最完美的教养呢？不是仅仅靠意志力就可以办到，也不是仅仅靠耐心、行善或者满足所有人的需要就可以实现，而是要靠一个伟大而神圣的人格来启迪我们、升华我们、改造我们。仁就是爱，而爱从不会失败。仁爱之心从上帝而生，仁爱之心坚强有力，它随着上帝的永恒节拍和喜乐而跳动着。

【第十一章】

娱 乐

让弓一直紧绷，或者让人永不娱乐，这都是行不通的。

——塞万提斯

不时搞点体育活动，或者来点娱乐游戏，其实无可非议。但是我们要懂得，娱乐就像我们完成重大任务之后的睡眠或其他放松活动一样，都是一种休息。

——西塞罗①

你不能靠娱乐生活。娱乐不过是泛在水面上的泡沫，而那水也只有一厘米的深度，再往下就全是泥巴了。

——乔治·迈克唐纳②

我得劝你远离那些傻笑的人。要知道，就算我们不能一天二十四小时地开怀大笑，也得好好活着。

——西奥多·T.亨格尔③

娱乐之于宗教信仰就像风之于火焰：前者温和，则后者愈发猛烈；而前者猛烈，则后者彻底熄灭。

——大卫·托马斯④

---

① 西塞罗（公元前 106 ~ 43），古罗马政治家、雄辩家、哲学家。

② 乔治·迈克唐纳（1824 ~ 1905），苏格兰小说家、诗人。

③ 西奥多·T.亨格尔，美国著名学者。

④ 大卫·托马斯，著名演讲家、作家。

"娱乐"（amusement）一词，其最初的，当然也是早已被人遗忘的含义是："深邃的思想、沉思、冥想。"其实思考就是头脑的娱乐，无论其内容是什么。比如，我在一本旧书里找到这样一句话："我把笔插在墨水瓶架上，然后就陷入沉思[1]，世事的巨变令我深感震惊，头脑中挥之不去的是我的深深的困惑。"在托马斯·福勒[2]的巨著中也出现了这个词的同一种用法："他苦苦思索（amuse），心里充满了悲伤、惊恐和忧虑，却想不出在偌大的伦敦自己该投奔哪里（对他来说，这个城市曾经是多么熟悉友好）。"霍兰德[3]在翻译古罗马历史学家李维的著作时说："一想到马上要到手的金子，卡谬勒斯就对高卢

---

① 此处"沉思"使用的是 amusement 一词，即现代英语中的"娱乐"。

② 托马斯·福勒（1608～1661），英国神父、历史学家。

③ 霍兰德（1552～1637），英国著名学者、翻译家。

人发起了进攻。"娱乐（amuse）这个词之所以有"沉思"这个含义是因为它源于古法语词"沉思者"，其词根"muse"就是"沉思"的意思。因此头脑中思考的事情，哪怕是白日梦，都可以叫做 amusement，即今天我们理解为"娱乐"的那个词。直到最近，娱乐一词才专门特指让大脑得到放松和休息，成为休闲、娱乐、体育的同义词。关于这个词的词义演变我们就不再多说了。真正的娱乐既包括大脑的休息，又包括身体的放松，这些娱乐活动能够缓解由于繁重的工作以及家务造成的神经系统、大脑以及机体的各个部分的疲劳感，使身心恢复清新旺盛的活力。

读书、做运动、赏美景，或者做游戏，这些都是我们经常进行的娱乐活动。要确切地界定出娱乐活动的形式究竟应该如何，这不太可能。究竟什么样的活动才叫娱乐，这实在是一件因人而异的事情。体格、性情、文化程度、习惯以及教养这些因素共同决定着每个人会采取什么样的娱乐形式。对于这个人来说是娱乐的事情未必对另一个人来说也是娱乐。在这一刻让我觉得非常有趣、非常放松的事情，若换一个人或换一个时间，可能就不那么有趣了。我们今天给娱乐一词做的定义是从比较普遍的角度来讲的，是指能够放松头脑、恢复体力、振奋精神的活动。

所以，我们不应该把娱乐当作生活的主要内容，娱乐应该从属于严肃的工作。娱乐的目的应该是为了缓解疲劳感以及调节工作中的厌倦心理。一旦娱乐成为了一种职业，那么娱乐就将不再是真正的娱乐。一个滑稽演员能够逗得大家捧腹大笑，但是这份职业对他来讲已经不再是娱乐。一个为了娱乐而进行娱乐的人会渐渐失去享受娱乐的能力。而且更为糟糕的是，如果把娱乐当作生活的主要内容，这种做法会对人格造成非常不好的影响。"如果成天干活，从不玩耍，小男孩就会变成小老头。"可是如果成天玩耍，从不干活，小男孩就会成为一个对谁都没用的傻瓜。我们天生就有进行娱乐活动的能力，若失去了这个能力，那可真是太不幸了。无论是出于本性还是出于工作的角度，我们都需要一些娱乐活动，而这种需要与我们的劳动强度成正比。

娱乐本应该是用来调节生活的一种手段，但是如果我们把娱乐本身当作目的，那么我们欣赏娱乐的趣味与能力就会受到破坏，娱乐活动会沾染上罪恶，会变得自私，会使人耽溺于其中不能自拔。所以，我们应该把娱乐纳入道德领域，应该建立一套"娱乐中的伦理道德"，让人们遵守并认真思考。

这个问题的确值得我们思考，这是我们在实践中认识到的经验，也是我们反思自己的行为时得出的结论。人们常常错误地理解这个问题，要么就是太肤浅，要么就是太不理性。

增进我们的智慧并养成良好的趣味是解决这个问题的最好办法。如果不分青红皂白，毫无依据地禁止某些娱乐活动，这样做肯定会贻害无穷。但是，如果反过来，因为搞不清娱乐的确切概念，而且觉得无法从娱乐中获得坚定的信仰，就对娱乐活动漠不关心、放任自流，这样做同样会贻害无穷。

什么是正当的娱乐，这个问题的确令人觉得难以界定，然而人们越来越认识到这个问题的重要性。在处理这件事上，我们可以用以下几个原则来对娱乐活动进行甄别：

无益于头脑或身体健康的娱乐不是真正的娱乐；

内容邪恶的娱乐不是真正的娱乐；

使人过度沉迷于其中不能自拔，从而损害身心健康或荒废主业的娱乐不是真正的娱乐。

道德感淡漠，虽然对他人无害，但是对进行这种活动的人自己构成伤害，这样的娱乐也不是真正的娱乐。伤害的意思是，由于人的自身抵抗力不足，某种娱乐活动就会有损于人的道德情操，使心灵麻痹，妨碍构建最高尚的生活。

除了这些基本原则之外，有些人还制定出很多非常具体的规定，告诉人们哪些娱乐活动是有害的。然而这些规定大多经不起推敲。那些遇事就一刀切的做法是非常荒谬的，同时也是非常不近人情的。

只有生命才是生命的向导。生命的最高原则，就是爱的原则："应该像爱自己那样爱你们的邻人。"至于前面的那句话我就不用再多说什么了："应该全心全意地热爱上帝。"因为这两句话的意思是一样的。对上帝的热爱与对人类的热爱实际上是浑然一体的，无论我们在理论上怎样把二者区分开来都是徒劳。可是有时真是叫人感到遗憾，人们竟然把这两种爱对立起来，几乎使这两种爱彼此水火不容。

"像爱自己那样爱你们的邻人"，这是一切健全的道德准则赖以产生的源泉。一个人倘若真正爱自己，那么他会发现爱邻人其实就是爱自己，而且他还会以对自己的爱为标准来衡量对邻人的爱。

以爱为基本原则，我们就会立刻明白娱乐活动的伦理特点应该是什么。

首先，要看娱乐活动对我们自身的影响是怎样的。娱乐，只是一种手段而并非目的，如果是符合伦理道德的娱乐活动，就应该让我们得到有益于健康的放松和休息。娱乐活动应该能够使我们振奋精神、恢复体力，让我们能够以旺盛饱满的生命力来建设最美好的生活。因此，娱乐活动应该服务于我们天性中最美好的那一部分，应该有助于我们实现最高远的工作目标。当然，我们不应该过高估计娱乐的功能和作用。所以，我认为，娱乐活动不应该破坏我们的天性或者阻碍我们的追求。我们决不能在享受娱乐、放松心情的时候，反而让精神萎靡不振，或者使我们原本敏锐的情感变得麻木。娱乐不应该使我们丧失责任感，不应该损害我们的良知，更不能污染或者降低我们的趣味。娱乐活动不应该麻痹我们的心灵，蒙蔽我们灵魂的眼睛。当然，对我们的身体有损伤的娱乐活动也应该禁止。但是，即便多数人能够立刻认同这些话的正确性，可人们还是不能迅速并深入地理解其中的真正意义所在，即我们应该时刻守护我们的灵魂，不要让它受到丝毫的污染与损害。我们应该时刻牢记生命的真正价值究竟是什么。肉体应该由灵魂来主宰，高层次的生命形式应该时刻控制着低层次的生命形式。当然，这么讲并非是要大家回到旧时代的观点，人要获得神性，首要的途径就是压制或消灭肉体的一切本能与冲动。从完美的角度来看，也就是真正地从精神层面上来看。布朗宁① 的话倒是一语中的：

　　一切美好，我们尽可以享用。灵魂救助了肉体，可是肉体也同样救助了灵魂！

　　从自私残忍的动物进化成为人，我们经历了一个漫长的过程，所以，我们应该像守护娇嫩的新生儿一样守护我们的灵魂，不要让灵魂被肉体的欲望所吞噬。

　　享受欢愉，不过是人生中的过眼云烟，并非人生的目的，是辛苦劳作中的片刻休憩，并不是我们追求的目标。"生命需要的不仅仅是肥美的食物，身体需要的也不仅仅是华美的衣裳。"同样道理，我们在闲暇中进行的娱乐活动应该服务于灵魂，应该以实现灵魂的追求，激发灵魂的热情与渴望为目的。

　　我们应该明白，娱乐的主要任务是恢复我们的精力和体力，从而减少我们工作中的阻碍。我们不应该不分主次，在娱乐方面花费过多精力和时间，反而荒废了主业。因此，如果娱乐活动干扰了我们的思考，污染了我们的思想，或者损害了我们的心灵，那么我们就不能继续沉迷于此，因为这样会对我们

---

　　① 　布朗宁（1812～1889），英国诗人。

自己造成伤害。高尚而自尊的爱会使我们谴责这种娱乐，富有智慧的爱会拒斥这种娱乐。

其次，要看我们的娱乐对他人造成的影响。我们的娱乐活动不应该对邻居构成损害。在这个问题上，爱是关键。让我感到愉快的，很有可能对别人构成伤害，这样，我就没有权利继续享受这种娱乐。以牺牲别人的权益为代价来满足自己的需要，这违背了爱的最高准则。这个准则的适用范围是非常宽广的。对于这个问题，每个人都应该仔细思考、认真分辨，因为这个准则必须要靠每个人的实践才能得到施行。在纯粹的物质层面上，我们很容易明白这个道理，凡是伤害别人利益的娱乐活动都应该禁止。的确，在这个层面上，我们的邻居们是受到国家法律保护的，倘若真的受到侵犯就会按照法律规定得到相应的补偿。倘若法律没能照顾到方方面面的事情，最起码大体上每个人的正当权益是受法律保护，但是我们的自私行为给别人造成的最严重的伤害其实并非是物质利益方面的。伤害手足兄弟的身体或侵害他的财产当然是一种罪过，但是比起我们给手足兄弟造成的精神伤害，这些简直算不得什么。人类的立法目前还不能深入到更为广阔的道德领域。目前还没有什么力量能够保证我们不会给别人造成最严重，同时也是最细微的伤害，除非这种力量来自于精神，要么就是别人具有坚不可摧的品格，要么就是我们具有相当明晰的判断力和坚强的自控力。圣保罗曾经说过："强大的人不应该只顾自己痛快，应该宽容弱小的人。"这与"爱邻人如同爱自己"是完全一致的。这种高贵的情感要求我们懂得约束自己。这种情感从仁爱的心灵里涌出，使人懂得节制，这是值得每个人学习的地方。有些事情对我们自己没有什么害处，但是对那些比我们弱小的手足兄弟来说，就会构成伤害，然而没有哪条法律禁止我们做这些事情，而是你内心里的爱在阻止你做这些事情，而爱会让我们为了不损害别人的利益或者为了使别人远离危险而心甘情愿地抑制自我。有一个例子可以很好地说明我的观点，这个例子妇孺皆知，但是人们对这个例子的理解和运用却常常是错误的。圣保罗曾经举过这个例子，他说："如果我吃肉会导致我的兄弟犯罪，"也就是说，如果我吃了这些肉就会对我的兄弟产生伤害，"那么即便全世界都支持我吃下那些肉，我也不会再动那些肉一口。"这就是无私而高尚的语言与行动，可以让人们体会到一种快乐，这是任何享乐也无法提供给人们的快乐。"我可以忍受压制某种欲望，不让它得到满足，"那个真诚的灵魂说到，"但是我不能忍受自己阻碍一个兄弟对于心灵的追求。"

现在，我们把这个原则运用到娱乐方面。这要求我们达到一个很高的境界，而我们也决不愿意停留在一个较低的境界里。如果我们已经拥有比较高尚的人格，那么我们就不可能让自己停留在一个很低的境界里。

我刚刚一直强调的原则，人们在运用的时候常常犯错误。这使得我们更加不懂得该如何正确运用这个原则了。但是任何困难都不能阻碍我们按照崇高的道德原则来构建我们的生活。我们从别人身上经常发现弱点，其实不过是我们的吹毛求疵罢了。而那个比较弱小的兄弟常常要求我们本着博爱的原则体谅照顾他，但是其实他需要的不是迁就而是严格的训练。这样的人在道德领域里的位置就如同经济领域里的无业游民一样，他提出一个错误的问题，然后又提出一个错误的判断标准。人们有时似乎热情高涨地要进行一场道德观念上的改革，但是实际上他们不过是在宽以待己、苛责别人罢了，还搬出圣保罗的话为自己的行为做辩护。圣徒认识到这个问题，并对此严加斥责："你们有什么资格审判自己的兄弟？他或者受到拯救，或者受到惩罚，自有上帝来裁断。"可是我们却在面对这样的问题时常常歪曲圣保罗的话。但是，没有关系。毕竟，克己待人的处世原则是合乎情理的，会使人变得更加智慧仁慈。这是建立在爱的基础之上的原则，也是以基督精神为核心的原则，同时也是以正义精神为精髓的原则。好好理解这个原则，让它深深扎根在你的心里，然后再把它融入到你的行动中去，成为你的本能，像呼吸一样自然而然。

娱乐的方式和内容有千种万种，都很纯洁健康，还可以使我们恢复充沛的精力和体力。爱不会削减人们的自由，因为爱所削减的一定不是真正的自由，爱只会打破由自私自利的想法构成的人们心灵的镣铐。我们应该采取的正确态度是，凡是利用人们心灵的弱点而进行的娱乐，我们都不要触碰，因为这种娱乐不利于我们构建高尚的生活。

如果说我们可以用某些准则来检验各种娱乐活动的道德本质，或者用这些准则来弘扬一些高尚的娱乐活动所包含的道德精神，那么这里由于篇幅所限，我实在不能详细地说清，只能做个笼统的介绍。这世上其实也不存在什么一定之规，让我们一下子就辨别出某种娱乐活动究竟是高尚还是恶俗，因为就某些具体的娱乐活动本身而言，其本质是无所谓邪恶还是高尚的。那些本质上就很邪恶的事情，根本就不配称为娱乐，所以也不在我们今天讨论的范围之内。那么游戏、跳舞、看戏，我们应该怎样看待这些娱乐活动呢？无论从哪个角度看，我们都不能简单生硬地判定这些就是好的娱乐方式，而另外一些就是不好的娱乐方式。这些娱乐活动有可能非常纯洁，也有可能对人有毒害，这要视时间、场合以及个人状况等具体情况而定。要判断这些娱乐活动的本质，一定要看这些娱乐活动产生的影响——对他人的影响和对自己的影响。而衡量这些影响不能只看生理或智力方面，还要看这些娱乐活动对人的精神所产生的影响。为自己以及为他人建设美好的生活，是我们每个人与生俱来的职责。在我们为美好的目标而团结一致、努力奋斗的时候，凡是对我们的美好生活构成威胁的事情，我们就一定要坚决反对。在判断娱乐活动道德性质的问题上，我们找不到什么放诸四海而皆准的一定之规。很多人盼望能够找到这种简单易行的判断方法。这些人一听到神父或牧师用权威的语气来教导自己该怎样解决这个问题时，就感到如释重负，觉得一切都有了解决的办法，可以高枕无忧了。服从一个明确的指令总是比运用自己的智慧与判断力来处理自己的问题要简单得多。人们常常把这样的问题推给神父来解答，比如："我是否可以做这件事？那样做可不可以呢？"诚然，小孩子的确需要一个权威来帮助自己做出判断，因为小孩子首先要养成良好的道德习惯，然后才开始理解道德准则，家长和老师具有丰富的阅历和比较成熟的判断力，可以帮助孩子们远离那些他们无法看穿其本质的邪恶力量。但是，对于孩子来说，权威也不过是暂时的而已，就像是小树旁边的樊篱，等小树长成了以后就不再需要这层保护了。

你可曾观察过小树的成长，它的嫩枝不停地战栗，除非它长得高过了小孩子的嘴唇、鹿的长角。只有到那时，它才能安心地向四面八方舒展开茂盛的枝叶。

但是，人们在解决道德问题时采取的办法都带有一定的局限性。我们都愿意在脆弱或者困惑的时候能够让别人帮助我们回答一些道德问题，但是这种愿望是不可能实现的。道德的本质就决定了这一点，无论到了什么时候，我们每个人都必须为自己做出抉择。那么就向你认为有智慧、有学识的人虚心请教吧，然后锻炼自己周密的观察能力，这样你就会积累经验和智慧，使你的判断力逐步得到提高。并且，你还要从别人的阅历中吸取经验教训，学习并掌握良好行为的基本准则。这些都会使你受益匪浅，但是归根结底，最终的决定还是得你自己来做。每一次你所做的决定累加在一起就构成了你的人格，而你的人格就决定了你的人生和命运。选择何种娱乐，以怎样的方

第十一章

娱乐

式享受这些娱乐，在这些问题上的抉择就如同你选择什么样的职业，确立何种奋斗目标一样，都是你人生中重大的道德抉择。

至于那些邪恶的行为，无论是偶然为之还是沉迷其中不能自拔，我们都有个清晰明确的判断标准，那就是"上帝如是说"；同时，我们还有另一个同样清晰明确的标准，那就是"人类的经验如是说"。其实，这两个标准完全是一回事。然而有些行为本身并不涉及什么道德原则，只是在某种具体情况下，或者与其他人和某一事物联系起来时，才会成为错误的行为。对于这种行为，我们不能简单草率地做出笼统的判断。我们每个人在做判断时，唯一可以作为依据的原则就是爱的原则，即对上帝的爱、对自己的爱，以及对同胞的爱。正是在做出判断的过程中，我们的灵魂逐渐获得了正义的力量与自由，或者逐渐沉沦。我们的弱点像铁链一样把我们牢牢绑缚，使我们沉迷于放纵而不能自拔。

最后，我给大家提一些建议。当然，我不想充当什么矫揉造作的权威，更不想在大家需要一些鼓舞的时候抛给大家一些教条，我仅仅是希望，这些建议能够帮助大家做出恰当的决定，使大家能够在享受娱乐的时候做到有所节制。

第一，不管何种娱乐，即便是看起来非常正当的娱乐，也不要因为看到别人沉迷于其中，而使自己也不能自拔。凡事要靠自己的独立判断，对自己的弱点和可能遭受的危险要有个充分的认识，不要仅仅为了面子就勉强自己去参加那些会使身

194

体受到不必要伤害的活动。那些使你丧失敏锐的道德判断力的活动和降低你的精神境界的活动，你都不要参加，不要觉得拒绝这些事情是有损于你的面子。也许，有些事情，别人能够毫无风险、毫发无伤地去做，而你却根本做不了。要培养自己的勇气，敢于独立思考，不盲从，爱惜自己的品格，时刻保持浓厚的道德意识。假如你一跳舞就会把持不住自己，就会使自己失去所有的廉耻心，做出有损于你的精神境界的事情，那么你还是坚强些，勇敢地直面自己的弱点，拒绝那些令人怦然心动的邀请吧。如果你一去剧院看戏就会变得情绪不稳、感情躁动，或者就会对生活产生不切实际的幻想和不健康的欲求，那么拿出点勇气和毅力来，再也不要踏进剧院大门半步。如果你一参加某种游戏就会干出越格的勾当，那么请你拿出点勇气和毅力，从此不再染指那种游戏，无论这项游戏本身看起来有多么纯洁无害。

以上只是一些具有代表性的例子。基本的原则是，哪怕仅仅为了好玩，也只能做那些无损于自己的身心健康，无损于构建自己的高尚生活的事情。

第二，要时刻记住，凡是本质上非常自私的娱乐，都是邪恶的，一定要坚决拒绝。这类娱乐活动，无论看起来有多么诱人，都是对人有害的，从人生的真正意义来看，这样的活动绝对不是正当的。有些人根本无法领会善良的心地会使人生变得多么美妙幸福，因此，也只有这样的人才对那些自私自利的娱乐活动乐此不疲。

第三，凡事都要适度。人们之所以会犯错，多半是因为掌握了不恰当的尺度。过度沉迷于某事，就等于在舍本逐末。陶醉于做这件事，却忘记了做这件事的真正意义，这样的行为也是有悖于道德准则的。有句老话讲得好："啥东西再好，太多了也会招人厌烦。"确切地说，就是一旦偏离了中庸之道，好事也会变成坏事，也就是过犹不及的道理。放纵即是罪过，无论是玩还是饮酒。行为放纵会使人变得意志薄弱、品格堕落。偶尔去一家品位高尚的剧院看看戏可以使疲惫的大脑得到休息，还可以使日益迟钝的艺术感受力得到恢复。然而频繁出入剧院，尤其是那些趣味平庸的剧院，不仅不会使人从中受益，反而会使人迷失心智，在现实世界的日常生活中失去热情。或许真的有人能够做到既沉迷于戏剧又保持心智的清醒，但是这样的人实在太少了。任何娱乐活动的主要功能都是恢复精力、放松身心，一旦超过了这个度，就会变成罪过。

最后，请一定牢记：娱乐应该服从于生命的最高、最神圣的目标，应该服从于最高尚的思想、最纯净的感情，以及最有价值的劳动。有很多娱乐活动既可以使人从中受到教益，又可以给人带来欢乐。欢乐当然是生活的重要组成部分。笑声可以消除生活中的一切烦忧。我们的生活需要充满笑声，我们需要的是更多的娱乐，我们现在的生活远远没有满足我们对于欢乐的需求。劳动往往成为束缚我们的枷锁。生活本来就是一场艰苦的奋斗，我们还要面对最终严厉的审判，就让我们鼓起勇气欢笑着面对这一切吧。但是，我们也应该记住，按照我们通常的理解，在我们诚实的生活中，娱乐只是很小的一部分内容。随着我们的能力不断增长，我们的趣味也不断得到净化；随着目标一个个被实现，我们越来越较少考虑娱乐的"道德问题"，至少从自己这方面，人们不再像从前那样顾虑重重。人们会发现，最大的欢乐存在于我们精神境界中最高的那一层。当精神变得充实，人的感官需求就会减少。在我们身边，在我们之上，存在着美好、光明和欢乐。在人类向着真理与光明前进的道路上，眼前不断呈现出新的欢乐，于是欢乐升华为幸福，我们不会因之而招致痛苦，也不会因过于耽溺于其中而使幸福变为罪恶。已经使生命升华至精神层面的人能够对圣保罗的话心领神会，"世间万物都有其存在发生的道理，但是并非世间的一切事情都适合我去做。世间万物都是合乎自然规律而存在的，但是我不会被任何一样事物所主宰。"当然，生活在精神层面上的人自然也懂得圣奥古斯丁的话里所包含的深刻道理："心中有爱，万事诸宜。"这句话里所包含的深意，用直白的话来说就是：我们要把此种精神当作我们人生的方向，让爱来带领我们前行，并使我们获得饱满的热情，使生命更加健康纯洁。耶稣会带领你获得幸福和永恒的健康，耶稣会赐予你深刻的智慧，使你能够在每一天的生活中对各种问题应对自如，因为耶稣所赐的智慧来自于上帝，是永恒而光明的智慧，是世人所渴求的智慧。

"贪恋生命的人终将失去生命。把生命奉献给我的人终将获得生命。"如果我们能够把上帝的训诫谨记在心，处处实践上帝的精神，那么我们将获得永恒的幸福和回报。托马斯·卡莱尔曾说过一句非常坚毅果敢的话，最能概括我所表达的观点，那就是："不要贪图享乐，应该热爱上帝，这是永恒的真理。它可以消解所有的矛盾，任何尊奉此真理为工作及行事之准则的人将得到庇佑，从而诸事顺利。"

【第十二章】

读

书

一部好书，是一位大师毕生心血的凝结，以墨迹保存在纸张上，使大师能够生命永驻。

——弥尔顿

书籍所承载的是历史的灰烬，而未来就是从这些灰烬里再生的凤凰。人类的一切思考、发现、行为、情感以及幻想，都记载在书籍里。所有能够破解书里的秘密的人，都能够在书中看到历史以及未来。

——卡莱尔

在书中，我们会发现逝者犹存；在书中，我们可以回首历史、预见未来。书籍仿佛是我们的老师，教会我们很多东西，却从不使用戒尺棍棒，更不会疾言厉色。如果你接近他们，他们决不会有所隐瞒。当你误解他们，他们从不抱怨。当你表现得懵懂无知，他们也决不讥笑讽刺。

——理查·德伯利[1]

人们更应该用书来充实自己的学习，而不是用金钱来灌满自己的钱袋，因为前者似乎更加得体。

——约翰·黎里[2]

---

[1] 理查·德伯利（1287～1345），英国作家。

[2] 约翰·黎里（1553～1606），英国作家。

在我们所处的年代，书籍可不是什么罕见的东西。出版社源源不断地出版图书，而且出版量与日俱增。有作者可能会说：“书如果太多，印起来可就没头了。”可是，如果换作现在，他又会怎么说呢？现在每年都有大量的书出版，这其中自有缘由。之所以要出版这么多图书，是因为人们对于图书的需求量实在太大了。至少在美国，有越来越多的人养成了阅读习惯，现在我们已经成为一个全民普遍热爱阅读的国家。我们所阅读的内容无所不包，阅读的目的也各不相同。一般来说，阅读的目的是为了获取知识。除此之外，有时阅读也是为了消遣，让自己从日常的狭窄空间里走出来，欣赏一下更为广阔的世界和更为奇妙的幻想。阅读给我们带来慰藉，使我们暂时从生活的烦恼中摆脱出来。阅读也带给我们新鲜的体验，使我们深深沉醉在诗歌、散文以及浪漫传奇的冥想和激情之中。阅读还使我们得到锻炼。在书籍中，别人的思想凝结成观点与论述，我们津津有味地阅读它们，我们的头脑因此变得越来越敏锐。有时我们只是为了消磨时间而阅读，有时我们也是为了节约时间而阅读，有时我们缺少耐心，有时我们很懒，不愿意自己思考，于是就干脆从书里学来别人现成的经验。当我们身体健康时，我们要阅读。得了病，也要阅读。在家时阅读，旅游时也阅读。吃饭时阅读，睡觉时也阅读。从某个角度来说，我们读得太多了。从另一个角度来说，我们读得又太少了。这种说法似乎有点自相矛盾，但是如果我们想一想我们应该阅读些什么，以及应该怎样阅读，这种说法又是成立的。阅读使我们的精神世界紧紧地与道德联系在一起。一个人所读的书，常常能够反映出这个人的性格与思想。如果一位年轻的女士深深陶醉于骚斯华兹夫人①的作品或者对《仙女莉莲》的作者颇感兴趣的话，那么我一眼就可以断定，这位女士的朋友一定不会为她深邃而富于创见的思想感到吃惊。如果一位男士沉迷于艾米莉·左拉②的作品或者喜欢读《警察公报》的话，那么要是有一天我在刑事犯罪记录里看到他的名字，我可一点也不会吃惊。波特主教曾说过："有一条真理是：一个人品德的高度不会超过他所阅读的书籍的高度。"

首先，请大家思考一下阅读与精神文化的关系。很显然，书籍是我们获取大量知识的捷径。在遥远的过去，人们用语言

---

① 骚斯华兹夫人，美国小说家。

② 艾米莉·左拉，法国自然主义作家，作品有《娜娜》《萌芽》。

来描述自己的思想、感受和行为，并在石碑、莎草纸或者羊皮纸上记录下这些语言，使之世世代代保存下来。记录下自己的观察与体验，这是人类固有的本能。在这个本能的驱使下，世界各地的人们一直在不断记录着历史，这支笔从未中断过。书籍记录下了人类生活的方方面面：艺术、科学、旅游、商业、战争、政府、宗教、法律、娱乐、犯罪、爱情，以及仇恨。人类的所思、所感以及所为都得到记载。因此，一座图书馆实际上容纳的是整个人类生活，而图书馆里的读者就是研究并分享人类生活的人。书籍消除了时空的阻碍，我们仿佛坐在篝火边，与荷马畅谈，眼睛注视着伊利亚特的战场；与埃斯库罗斯漫步在蔚蓝浩瀚的爱琴海边，倾听巨浪的轰鸣；与俄瑞斯忒斯一起跪拜在德尔斐的神龛前，头顶上笼罩着复仇三女神投下的阴影。我们还可以与柏拉图在学园的果林中一边散步，一边探讨理性与范式①，与凯撒大帝一起深入高卢人和不列颠人的森林，看着那些把四肢涂成白色的野蛮人在罗马兵团的钢盔铁甲之下四散逃命；还可以与圣路克和圣约翰在耶稣生前生活过的地方游历，从伯利恒到拿撒勒，从迦百侬到受难地；还可以与圣徒保罗穿越叙利亚与小亚细亚，走在以弗所繁忙的街道上，或者在雅典卫城的神庙里倾听圣徒宣读福音书；还可以与牛顿一起探寻星空的秘密，与法拉第或廷德尔一起破解大自然的奥

203

第十二章

读书

---

① 柏拉图的哲学思想之一：即世界的本质是理性的，而最高的理性具有一个范式，世界上的每一具体事物都包含着并体现着这个最高范式。

秘，与莱尔爵士[1]和丹纳[2]解读岩石中隐藏的古老的秘密，与利文斯顿[3]和斯坦利爵士[4]一起探索非洲中部地区，与威尔海姆斯和格雷一起探寻中国古代文明。

　　然而如今，这个故事已经不再像从前那样令我们觉得神奇有趣了。阅读的能力使我们见识到更加丰富的知识宝藏。散文大师卡莱尔曾经说道："写作的能力是人类最好的天赋，比一切发明创造都了不起。"奥丁神[5]的神秘符咒就是古代英雄最初的写作。用笔写下心里想说的话，最后成为书籍，这是多么了不起！而后最终出现了韵律，这是多么不可思议！书籍所蕴藏的是过去时代的神韵，是过去时代的声音。虽然那些遥远的时代早已像梦一样消逝得无影无踪，没有给我们留下一块砖、一片瓦，但是书籍却使一切得到重生，使之焕发出从前的光彩。强大的舰队，威武的军队，海港以及炮火，还有热闹繁华的城市，这一切是多么宝贵伟大。但是如今，这一切还剩下什么？阿加门农，以及许许多多的阿加门农，伯里克利[6]以及希腊人民，他们都已经被废墟掩埋，我们所能看到的就只是一片令人哀伤的荒芜。但是，记载了古希腊文明的书籍，却完全

---

① 莱尔爵士（1797～1875），英国地质学家。

② 丹纳（1813～1895），美国地质学家。

③ 利文斯顿（1813～1873），苏格兰探险家。

④ 斯坦利爵士（1841～1904），英国新闻记者和探险家。

⑤ 奥丁神，北欧古代神话里司艺术、文化、战争、死者等之神。

⑥ 伯里克利（公元前495～429），雅典民主派政治家。

是另一番样子！在书籍里，古希腊依然栩栩如生，依然焕发着生命的神采，还有什么符咒能够比书籍更加神奇？人类过去的一切行为、思考、财富，以及成就，都在书籍里不可思议地保存了下来，完好如初，而书籍里所保存的都是人类文明的精华。

"难道书籍不是依然在创造着奇迹，就像从前那些押韵的寓言故事体现着奇妙的想象？书籍可以使人明白事理。就算是偏僻村庄里的最没有见识的村姑，只要她们愿意读一些书，哪怕是最肤浅的流行小说，她们也会从中学到一些诸如应该如何举行婚礼，如何处理日常家务等方面的知识。于是，一个叫'希利亚'的姑娘觉得这样，一个叫'克利夫'的小伙那样去做。书籍把生活的定理灌输到年轻人的头脑中去，然后终于有一天变成了年轻人的行为。"

其实，阅读不仅能够给我们带来知识，而且还是训练并开发我们智力的一个重要手段。良好的阅读习惯可以滋养我们的头脑，我们的整个身心都可以从中得到锻炼和提高。阅读或许并不一定能够使思维变得更加精确敏捷，但是阅读却可以使我们视野开阔，而这对于我们来说是非常重要的。拥有良好的阅读习惯，我们所读的书籍给我们的头脑带来的影响是无法形容。

通过阅读我们心爱的书籍，我们形成了自己的观点。我们最深爱的作家，就是对我们影响最大的老师，因为我们正是通过他们的眼睛来观察这个世界。如果我们经常阅读情操高尚、趣味纯正、智慧深刻、见解独到的书籍，我们的头脑也会变得高尚而深刻起来。相反，如果我们阅读那些浅薄邪恶的书籍，我们的头脑也会沾染上那些缺点和罪恶。书籍之于我们，就如同空气之于呼吸，我们一刻也无法摆脱它的影响。

其次，现在再来思考一下阅读与道德的关系。有一些书，没有什么道德内涵，无所谓是非善恶。比如说，科学书籍，欧内的几何，或者哈代的四元数，就像乘法口诀一样，与道德毫无联系。但是大多数书籍都会因作者或者内容而带有一定的道德色彩，以想象为主要内容的书籍就会表现出作者的道德观。当然，也存在着一些个别的例外。比方说，一个道德败坏的人却写出一本无懈可击的书。有的时候，一些天才可以凌驾于所有现实条件之上。历史与游记方面的书既受到作者的影响，也受到内容的影响。既然我们的智力和才能在很大程度上取决于我们所读的书，那么我们的道德情操与道德理想，换句话说，就是我们的品格，也受到我们所阅读的书籍的深刻影响。书籍在不知不觉中影响着我们。越是小时候读的书，对我们的影响就越是持久。一个坏朋友可能会使我们一时糊涂犯下错误，而那些错误是我们在较为清醒的时候绝对不会犯下的。但是一本坏书却可以破坏掉我们所有的心理防范，直接污染我们的思想和动机，从而彻底腐化我们的生命。阅读会对人的品格与行为产生影响，这样的例子不胜枚举。很多小伙子读了马利亚特[1]

---

[1]　马利亚特（1792～1848），英国海军军官、小说家。

之后，就想去当个水手浪迹天涯。我认识一个小男孩，七岁的时候读了艾伯特①的《拿破仑生平》，不到十四岁就参了军。而一些坏小说，曾经使得很多年轻人变成强盗和劫匪。新门监狱②的神父在一次向市长做的年度汇报中曾经提及那些年轻人，他们相貌俊美，父母也非常优秀。他说："那些年轻人啊，无一例外，都有阅读劣质杂志的习惯。"那些杂志就是给青年男女提供不正当消遣的读物。全国的任何一家监狱里都可以找到很多类似的例子。没有人能够估量出那些坏书对青年人的腐蚀作用究竟有多大。青年时期是可塑性最强的时期，因此也是最危险的时期。成年人阶段就不然了，因为成年人已经成熟了，不会再受到那些坏书的影响。人的品格的发展只有两种可能：要么得到升华，要么就变得更加堕落。只有少数人的品格能够坚定，不受到侵蚀。

几年前，在一座西部城市，我曾拜访过一户人家。这户人家里有一对年轻的夫妻和两个漂亮的男孩子。当我坐在舒适的房间里与那位妻子交谈时，我看到桌子上有一张报纸，上面的内容非常不好。很显然，这是一张周报，这张周报足以说明这个家庭接受的是怎样的文化。很快我就告辞了，满怀忧虑，心里萦绕着一种不祥的预感。没过几个月，我再次来到这座城市，又拜访了这户人家。这回出门来迎接我的是一张陌生的面

第十二章

读书

---

① 艾伯特（1835～1922），美国小说家。

② 伦敦旧时的一座监狱，1920年拆除。

孔。对方告诉我说，她不住在这里了，她抛弃了丈夫，离婚了。一个美好的家庭就这样破碎了。没有什么特殊原因，仅仅是因为受到坏书和坏朋友的腐蚀。这件事在我头脑中印象极深，永远也忘不掉。

而当本杰明·富兰克林还是个小孩子的时候，他看到一卷柯顿·马瑟① 的书《论行善》。看过这本书之后，他内心里充满了热情，立意成为一个心地仁慈的人，并且这本书教会他怎样才能成为一个行为高尚的人。这两点，比他的政治成就还重要，使他成为美国青年的光辉榜样。

一定要牢记，你所读的书肯定会在你内心里留下一定的影响，要么是好的，要么就是坏的。因此，最重要的就是，我们必须只读那些能够促进我们思考、净化我们情感、端正我们动机的好书。同时，我们精力有限，能够阅读的书籍毕竟是有限的，而大多数人只能阅读很少的一部分书籍，因此我们只选最优秀的书来读，这是尤为重要的。我们不必读万卷书，但是必须读那些值得一读的书，这既是为了我们自己着想，也是为了那些有可能受到我们影响的人着想。自觉地远离某些书籍，并且主动寻找一些伟大的具有永恒价值的书来读，这是一种美德。有两个简单的原则，非常好记，可以很好地回答人们经常提出的问题："我们应该读什么书？"这两个原则是：第一，只读那些思想纯洁的书。如果书的内容不洁净，无论作者多么

---

① 柯顿·马瑟（1663～1728），美国牧师。

才华出众，他都没有资格教导读者或者给读者提供娱乐。那些试图与这样的作家进行精神交流的人实在是冒着巨大的风险。第二，只读伟大的书籍，或者至少以伟大的书籍为主要阅读内容。我说的是那些为增进人类的智慧而做出巨大贡献的书籍，或者能够激发读者高尚情操的书籍。

有一些书籍——柏拉图、但丁、莎士比亚、培根、弥尔顿、华兹华斯、白朗宁等人所著的书，我们熟读之后，就可获得宽广而深刻的思想、文明的熏陶和高尚的谈吐。如果换作普通书籍，就算多得堆满了整个图书馆，也无法带给我们这样的好处。我现在把这些建议重新归纳为一句，谨请大家牢记。那就是，多阅读大师们的作品吧，尤其是那些用英语写作的大师们的作品。阅读一下诺亚·波特[①] 的《书籍与阅读》，从目录中挑选关于自然、历史、诗歌和道德方面的著作。认真阅读直至其内涵已化为你内在的一部分，然后你心灵就会具备那些品质，那些品质会使谦卑的生活变得高尚，而且充满善的力量。

就如何读书这个问题，我现在给大家提点建议。有很多非常聪明的人并不懂得应该如何读书。他们能够拼读出一些词句，并理解其中的大意，但是他们却始终不明白，阅读可以使头脑获得知识与训练，使头脑不断进步，使思维日益深刻开阔。大学的一个主要职责就是让学生掌握阅读的艺术，也就是说，从书籍中获取有用的知识的艺术。一个训练有素的头脑能

第
十
二
章

读
书

---

① 诺亚·波特，美国教育家、哲学家和牧师。

够从书籍中迅速地吸取营养。大学毕业之后，一个学生能够从这个阶段的学习中得到的最大收益是，他学会了如何充分利用图书馆。

为了在阅读中能够有所收益，我们必须提高以下几种能力：(1) 集中注意力的能力——全神贯注地阅读的能力。在阅读中，我们应该像凸透镜聚焦阳光那样聚精会神，直到我们真正领悟了书中的深意。我们的阅读应该是积极的而不是消极的，甚至应该是勤奋刻苦的。若想让头脑获取真正的营养，必须首先让头脑开动起来。你若只是潦草地浏览，那么你不可能从中领略到任何有价值的东西。即便阅读那些充满幻想内容的书籍，比如诗歌和小说，我方才的话也是适用的。实际上，这类作品需要我们认真细读才能真正体会其中的精妙之处。奥古斯都·威廉·海尔曾在《猜测真理》中说过："那些引起我深思的书，正是使我获益最多，得到乐趣也最多的书。一旦解开了其中的困惑，这些书就使我发生了深刻的变化，不仅仅使我重新审视自己的记忆，重新理解一些问题，并且使我的情感也发生了翻天覆地的变化。"克顿也曾在自己的书里说过："很多书并不需要读者进行多少思考，甚至就是那些写书的人也不需要深入思考。因此，能够启发我们思考使我们的头脑全力工作起来的书是最有价值的书。"

我们说有些小说不是好书，并非因为其本质内容就很坏，而是因为这些小说不能启迪我们的思考，不能增益我们的思想。我们说很多读者的阅读习惯不好，因为他们只是一章一章地翻阅，大脑却是一片沉寂，仿佛是在梦中读书。如果你想在阅读过程中有所收益，那么你在阅读的时候不能懒惰。有些人，书倒是读了不少，但全都是同一类的书，而且也没有什么心得。这样读书，他们既没有获得知识，也没有使头脑得到锻炼。约翰逊博士曾经说过：“锁定一项内容，每天花五个小时读相关的书籍，你一定有所收获。”但是这位博士的话很多人并不能深刻理解。罗伯逊的话倒是非常中肯：“读书太杂比无所事事还有损于人的思维能力。因为这样的话，读书就成了如同吸烟一样，知识怎样吸进去，又怎样吐了出来。以这样的方式读书，书籍中的思想像水流一样，源源不断地流入读者的头脑中，转一圈，又毫无痕迹地流了出去。因为读者的头脑就像河床下无动于衷的石头，什么也吸收不了，就连点苔藓都不长。这是最懒散的行为，最能荒废掉一个人的所有才干。”至于应该怎样读书，他在一部自传中提出了一些建议：“我知道阅读是什么样的一种活动。我要么认真研读一本书，要么就压根不读。我从不粗略地读书，从不囫囵吞枣，只求数量。柏拉图、亚里士多德、巴特勒、修希德狄斯① 、斯特恩、乔纳森·爱德华斯、这些人的书，就好像血液中的铁原子，统统被我的头脑吸收了。”

　　若要全神贯注地读书，我们就必须明确读书的目的，并投入相当高的热情。你读书的目的是什么？好好问问你自己，

———————————

①　修希德狄斯，古希腊历史学家。

然后认真回答。在读书的过程中，要有一个明确的目标，然后把你的全部注意力都倾注在这个目标上，就好像你是在挖金子一样。如果书里真的埋藏着金子，你就一定会找到它。读书的时候，还要锻炼自己的判断力。培根的建议很有道理，我们不妨一试。他说："读书的时候不要吹毛求疵，也不要想当然地全盘接受。不要只想着消磨时光，而是要用心揣摩、认真判断。"不过，要做到这一点，你必须全身心地投入到阅读中去，始终保持思维活跃、注意力高度集中。

（2）要想在阅读中取得最大的收获，做到系统性和持续性是必不可少的。读书杂乱，并不能带给人多少真正的益处。就像旅行一样，我们必须有一个出发点、一条路线、一个目的地。读书也是如此，从某一个点开始，沿着一条线前进。很多人读起书来，就像一只在空中到处扑闪的蝴蝶，这飞飞，那逛逛，毫无进展，漫无目的。他们拿起一本书，翻上几页，随便浏览几章，然后就放下去读别的了。最好是按照学科来制定一个读书计划。比如，以"宗教改革"为例。先读哈勒姆的《中世纪史》，然后再读德奥宾[1]与菲希尔[2]的宗教改革史，儒勒·米什莱[3]和科斯特林的《马丁·路德传》，罗伯逊[4]的《查

---

[1] 德奥宾（1552～1630），法国诗人、编年史家。

[2] 菲希尔（1879～1958），美国作家。

[3] 儒勒·米什莱，法国19世纪历史学家。

[4] 罗伯逊，苏格兰历史学家，代表作品《查尔斯五世》。

尔斯五世》，莫特利[1] 的《荷兰共和国的崛起》；你也可以看关于美国历史的书籍，如帕克曼[2] 的作品，乔治·班克罗夫特[3] 的《美国历史》，帕特里克·亨利[4] 的《亚当斯家族》[5]，亚历山大·哈密尔顿[6]、韦伯斯特以及他们伟大同代人生活的书籍。

那些既具有实践意义又非常有趣味的学科多得数不胜数。历史、科学、艺术、政治、法律、文学、经济，而且这些学科下面还有小的分科，都非常值得学习。那么我们就选定一门学科作为目标，然后我们就为了达到这个目标而展开阅读。一旦选定了一门学科之后，我们就要持之以恒、坚持不懈，直到你已经清楚地掌握了这门学科领域里的基本知识与规律。

---

[1] 莫特利（1814～1877），美国历史学家、外交官，代表作有《荷兰共和国的兴起》。

[2] 帕克曼（1823～1893），美国历史学家。

[3] 乔治·班克罗夫特（1800～1891），代表作《美国历史》，美国史学开山者。

[4] 帕特里克·亨利，美国政治家，美国革命时期卓越的领导人，曾两次担任弗吉尼亚州州长（1776～1779，1784～1786）。

[5] 亚当斯家族与美国历史、美国民主体制的确立有着不可分割的机密联系：塞缪尔·亚当斯亲自参与了美国独立革命的发起和组织工作；约翰·亚当斯是《独立宣言》的四个起草人之一，曾任第一届副总统、第二届总统；而约翰·亚当斯的儿子约翰·昆西·亚当斯，在美国独立后曾先后任驻普鲁士、荷兰和俄国的大使，众议院的议员，国务，后成为美国第六届总统。

[6] 亚历山大·哈密尔顿（1755～1804），美国首任财政部长，美国创建者之一。

（3）一定要身心投入地、有系统性地读书，并努力从阅读中有所收获。粗略地翻阅整个图书馆的书，还不如仔仔细细地吃透几本书。彻底吸收一本书，并不是说要死记硬背里面的词句或者表面内容，而是要掌握其中的精髓。书中的内容，就其本身来说并不是最重要的，最重要的是其中蕴含的道理。只记住一些知识，却丢掉了其中的精髓，就像捡起了蚌壳却把珍珠丢到了海里。因此，在阅读的过程中，要尽力发现并理解那些在诸如历史、艺术、科学以及文学等表面知识背后所蕴含的真理。如果深层的真理不容易被找到，那么就反复咀嚼这些书，直到真正吸取了书中的精华为止。你应该做到以下几件事情：第一，在每一页书的空白处做读书笔记，记下重要的知识与思想，这样就可以方便日后查询。第二，要认真思考你所读的内容，要学会咀嚼并消化你所吸收的知识。如果一本书不能够给你提供思想的养料，那么这本书就不值得一读，除非你纯粹是为了暂时的休闲。一个不认真思考的读者一定不会真正理解书中的内容。真正的文化修养并非取决于读书的数量，而是取决于读书的质量。就像托马斯·富勒精炼概括的那样："如果你想变得壮些，你就得多吃东西。同样，如果你想变得聪明些，你就得多读书。然而，过多的摄取会损害你的体质，非但不能增加营养，反而带来疾病。若要使书籍变得对自己有益，并为思想提供养料与动力，思考与消化是最关键的环节。"思考是预防思想消化不良的最好处方。

再次，要努力把书本上的知识与实际生活联系起来，把学到的道理转化为行动。精神活动或者文化活动的最高境界是对实际生活有所助益。真理的终极目的就是服务于生活。我们所学到的东西最终会融入我们的品格，就像食物会转化为营养，进入血液、骨骼以及脏器中去一样，思想与真理也会变成灵魂的营养与力量。就让世界上曾经发生过的一切事情——人类进步过程中的胜利与挫折、邪恶与美德、成功与失败，都给你带来启示，使你变得更加优秀、更加聪慧、更加强大，并在生命过程中成为一个最终的胜利者。于是，你阅读的书籍就会成为力量的来源，使你的心灵更加茁壮成长。读书的真正目的，并不是获取更多的知识，而是要成为一个更加优秀的人。现在，我想冒昧地给大家提几条建议，以便大家懂得该怎样选择阅读的科目。这些的确是每个人都应该懂得的。

你应该好好地了解自己。首先，是你的身体。比如身体的构造，各个部位的功能、需求，以及应该如何照料并使用你的身体。其次，还要好好了解你的精神。比如精神的本质、力量和偏好，以及如何训练你的精神，以便你能凭借精神的力量实现一个有价值的目标。除此之外，还应该了解你的灵魂，你与上帝的关系，你与同胞的关系，你的弱点和美德，你的职责和使命。简而言之，就是"了解你自己"。因此，你应该掌握解剖学、生理学、卫生知识，以及精神与道德方面的学科。最后，还有宗教方面的知识。

你应该精通与自己工作相关的知识。无论是种植，还是机械，或者商贸、医药、法律、教学、音乐、新闻等等，只要是你的职业，你就必须认真研究相关知识，这是通往最高成就的必经之路。无论从事什么行业，你都可以找到一些颇有价值的书籍，尽最大的努力让自己越来越优秀，这是你的职责。如果你不掌握完成本职工作的最佳方法，也不知道在自己的职业中所可能取得的最高成就在哪里，你就不可能成为一个出类拔萃的人。那些鞣制皮革或者打铁的工人，应该了解这一行业的历史，并清楚这些材料的用途，否则他与一台没有头脑的机器毫无差异，或者干脆等同于一个毫无思想意识的气锤。如果你是一位献身于高尚的教育事业的年轻女士，你就应该了解教育的历史与基本规律，应该力争吸取前辈们的全部经验成果，并在此基础上有所发展。

你应该充分了解祖国的历史与文学。如今正在滋养着你的学府，正在给予你保护的法律，正在带给你幸福的自由，正是前人用思索和痛苦换来的成就。只有懂得这一切的来之不易，记住那些为我们缔造幸福的人，你才会产生真正的爱国热情，才会珍视自己正在拥有的幸福生活。然后，你才会成为一名更加优秀的公民，一个胸怀宽广的人。

你应该了解人类的发展历史，了解历史发展的一般规律，从古代到现代，这会使你更加深入地理解现在。要了解这样的知识并不难。这样的书太多了，你可以从中获得基本的历史知识，而且这些书的内容不仅丰富全面，并且简明扼要，可以让你深刻理解人类在过去的千百年中的思想与创造。

那么，我们再来思考一下，读书的目的究竟应该是什么？难道仅仅是为了丰富知识、提升品位，或者训练思维？读书对我们最大的帮助究竟是什么？人类文化中有一部分内容，其精神实质是自私自利的。而自私自利的文化会使人偏离正确的人生方向。我们提高自我的目的是为了能够更好地生活并更好地为全人类服务，从而更好地为上帝服务。一切正当的热情都归结于此。你属于上帝，只有通过为上帝服务，你才能够真正实现自己的使命。我们努力提高自己的修养，应该出自一个高尚的动机，那就是对上帝的爱。这样的爱能够促使人们去学习、去行动。缺失了对上帝的热爱，生命就失去了希望和进步的动力。怀有这样的爱，心灵就会被注入永不枯竭的热情，这股热情会成为你勇往直前、努力奋斗的动力。生命中的每一分每一秒，都是我们努力学习、提高自己的机会。这样的机会属于你，只要有足够的自信，每个人都可以把握住这个机会。这世上没有任何事情可以阻碍你学习，而一个高贵且高尚的头脑是乐于吸纳一切有益的东西的。或许你很穷，生活的压力迫使你从事沉重的劳作：

> 然后呢？你是一个真实的人，
> 与万千芸芸众生一样，
> 都是上帝的神圣计划中的一部分。
> 这个计划早在上帝创造万物的时候就已开始实施，
> 你与世上一切芸芸众生一样。

的确，你并不富有，但财富不过是一堆尘土！

你甚至连个立足之地都没有，

像风一样居无定所！

但是你拥有一个高尚的心灵，

即便粗茶淡饭，

你也有力量藐视一切贪念。

熄灭了贪欲与情欲，

心里充满对上帝的忠诚与信任，

你就不比任何人卑贱。

举目苍穹，人生虽短，

你却可以完成得美丽而圆满。